职业院校烹饪专业群研究

——以北海市中等职业技术学校为例

周济扬　宋志华　著

中国财富出版社有限公司

图书在版编目（CIP）数据

职业院校烹饪专业群研究：以北海市中等职业技术学校为例／周济扬，宋志华著．—北京：中国财富出版社有限公司，2021.11

ISBN 978-7-5047-7593-1

Ⅰ．①职…　Ⅱ．①周…②宋…　Ⅲ．①烹饪—中等专业学校—学科建设—研究
Ⅳ．①TS972.113-4

中国版本图书馆 CIP 数据核字（2021）第 241372 号

策划编辑	李　丽	**责任编辑**	郭怡君　钮宇涵	**版本编辑**	李　洋
责任印制	梁　凡	**责任校对**	孙丽丽	**责任发行**	于　宁

出版发行	中国财富出版社有限公司			
社　　址	北京市丰台区南四环西路 188 号 5 区 20 楼		**邮政编码**	100070
电　　话	010-52227588 转 2098（发行部）		010-52227588 转 321（总编室）	
	010-52227566（24 小时读者服务）		010-52227588 转 305（质检部）	
网　　址	http://www.cfpress.com.cn	**排　版**	宝蕾元	
经　　销	新华书店	**印　刷**	北京九州迅驰传媒文化有限公司	
书　　号	ISBN 978-7-5047-7593-1/TS·0126			
开　　本	710mm×1000mm　1/16	**版　次**	2024 年 11 月第 1 版	
印　　张	10.75	**印　次**	2024 年 11 月第 1 次印刷	
字　　数	187 千字	**定　价**	68.00 元	

前　言

随着全球经济的快速发展和产业结构的不断升级，职业教育作为连接教育与产业的桥梁，其重要性日益凸显。在我国，随着"中国制造2025"战略的实施和"一带一路"倡议的推进，对高素质、高技能人才的需求达到了前所未有的高度。北海市中等职业技术学校作为地方职业教育的重要阵地，积极响应时代号召，勇于探索与实践，特别是在中餐烹饪这一传统而又充满生命力的专业领域内开展了一系列人才培养模式改革。其成果不仅为地方经济发展注入了新的活力，也为全国中等职业教育提供了宝贵的经验。

本书系统地梳理了北海市中等职业技术学校在中餐烹饪专业人才培养模式改革过程中的思考、探索与实践，旨在通过深入分析产业发展需求与专业教学现状的矛盾、人才供需失衡问题、产教融合的现状与挑战，为构建适应新时代要求的人才培养模式提供理论支撑与实践指导。

第一章深入剖析了改革的紧迫性与必要性。本章通过案例研究揭示了当前职业教育在人才培养上所面临的困境，特别是揭示了中餐烹饪专业群在产教融合、校企合作方面的不足，为后续的改革指明了方向。

第二章创新性地提出了中餐烹饪专业群"研、推、赛"三位一体的烹饪技能人才培养模式。这一模式不仅融合了教学科研、技术推广与技能竞赛三大环节，还构建了相应的实践模型和人才培养体系，为烹饪技能人才的全面发展提供了有力保障。

第三章至第五章详细阐述了北海市中等职业技术学校烹饪专业群人才培养模式的研究过程、创新点及实施成效。从中国烹饪的工艺特色、风味流派，到生产管理、产品销售的全方位探讨，再到育人理念、教学实践路径及校企合作模式的创新，每一步都凝聚着北海市中等职业技术学校师生的智慧与汗水。实施成效部分更是以翔实的数据和生动的案例展示了该模式在促进产业

1

发展升级、提升社会服务能力、推动"技能工坊"长效运行等方面的显著成效。

第六章不仅客观分析了当前人才培养模式存在的不足,还提出了针对性的改进策略,并在"1+X"证书制度的新背景下,对高等烹饪教育的人才培养模式建设进行了前瞻性的思考,为未来的改革与发展提供了方向。

第七章通过两个典型案例展现了"研、推、赛"模式在不同地区、不同学校中的成功应用,为其他职业院校提供了可借鉴、可复制的经验。

总之,本书不仅是对北海市中等职业技术学校中餐烹饪专业群改革成果的全面总结,也是对新时代职业教育人才培养模式创新的一次探索。希望本书的出版,能够为我国新型烹饪人才培养贡献一定力量。

由于时间和作者水平有限,疏漏之处在所难免,恳请读者批评指正。

作　者

目　录

第一章 北海市中等职业技术学校
人才培养模式改革的背景

第一节 餐饮产业与民族地区餐饮产业发展需求分析

一、餐饮产业发展需求

作为服务行业中与人们日常生活紧密相连的重要组成部分，餐饮产业的发展态势直接影响着人们的生活品质和消费体验。在社会经济持续发展、科技日新月异以及消费者观念不断转变的大背景下，餐饮产业正面临着前所未有的机遇与挑战。深入研究餐饮产业并准确把握餐饮产业的发展需求，对于推动其健康、稳定、可持续发展具有重要意义。

（一）市场趋势与需求

1. 多元化的消费需求

现在，消费者对于餐饮的期望已远远超越了单纯的饱腹之需。他们更加注重菜品的品质以及餐饮服务体验。消费者愈发追求新鲜、优质的食材，对于有机蔬菜、天然肉类和野生海鲜等的需求不断增加。在口味方面，除了传统的地方菜系，异国风味、融合菜系也逐渐走进大众视野。健康和营养也成为消费者关注的焦点，低糖、低盐、低油的饮食理念深入人心，各种功能性食品和营养套餐备受青睐，如富含膳食纤维的谷物沙拉、高蛋白的健身餐等。

2. 快速变化的消费场景

现代生活节奏的加快和工作方式的多样化，使餐饮消费场景发生了显著变化。外卖服务凭借其便捷性迅速崛起，满足了上班族、学生党等忙碌群体的用餐需求。快餐行业也在不断创新，以提供更快速、更高效的就餐体验。此外，便利店餐饮以其分布广泛、营业时间长的特点，成为消费者解决临时用餐需求的选择之一。在传统餐饮消费场景中，如社交聚会、家庭聚餐和商务宴请等，消费者对餐厅的环境、服务和菜品呈现方式提出了更高的要求。餐厅不仅需要营造舒适、优雅的用餐环境，还需提供个性化的服务，如为特殊场合定制菜单、安排专属的服务人员等。在菜品呈现方式上，精致的摆盘、创意的上菜方式能够为消费者带来更多的惊喜和满足感。

3. 线上线下融合的消费模式

互联网技术的广泛应用彻底改变了人们的消费习惯，线上点餐、预订、支付和评价已成为餐饮消费的常态。消费者可以通过手机应用程序轻松浏览餐厅菜单、查看菜品评价，并完成下单。同时，线上平台也为餐饮企业提供了更多的营销渠道和推广机会，如利用社交媒体广告、美食博主推荐等进行推广。然而，线上服务并不能完全替代线下体验，消费者仍然渴望在实体餐厅中享受真实的氛围、与人互动的乐趣以及即时的服务响应。因此，餐饮企业需要实现线上线下的无缝融合，确保消费者在不同渠道都能获得一致、优质的服务。例如，保证线上预订的消费者到店后能够适时得到用餐安排，线上点单的菜品与线下制作的口味和品质保持一致，线上线下的会员体系和优惠活动能够通用等。

（二）消费者需求变化

1. 健康与营养

随着健康意识的普遍加强，消费者对餐饮中的健康和营养因素给予了前所未有的关注。他们不仅追求食材的新鲜、天然，还对营养成分的均衡搭配有着明确的要求。越来越多的人愿意为有机蔬菜支付更高的金额，因为他们相信这类食材没有农药残留，更加安全和健康。在营养搭配方面，消费者关注蛋白质、碳水化合物、脂肪、维生素和矿物质的合理比例。例如，健身爱好者会选择富含优质蛋白质和脂肪含量低的食物，如鸡胸肉、鱼、虾等，同时搭配适量的蔬菜和复合碳水化合物。

2. 个性化定制

消费者的个体差异和多样化需求促使餐饮行业向个性化定制的方向发展。每个人都有不同的口味偏好、饮食禁忌和特定需求，例如有些人对辛辣食物过敏，有些人是素食主义者，还有些人因为宗教信仰而有特定的饮食限制。餐饮企业需要提供更加灵活的菜单选项，允许消费者根据自己的需求调整菜品的配料、口味和烹饪方式。例如，一家披萨店可以提供多种面饼（全麦面饼、薄脆面饼、厚底面饼）、丰富的酱料（番茄酱、奶油酱、香蒜酱）以及各种配料组合（蔬菜、肉类、海鲜），让消费者能够定制出适合自己口味的披萨。此外，适逢特殊纪念日、节假日等，消费者希望能够预定到具有个性化装饰的菜品套餐。

3. 社交与体验

餐饮也可以是一种重要的社交活动。餐饮消费已经逐渐成为体验式消费。人们选择餐厅不仅是为了享受美食，更是为了与亲朋好友相聚、交流情感，或者在独特的环境中获得新奇的体验。餐厅的环境影响着消费者的选择。有的消费者喜欢温馨浪漫的欧式风格，有的则钟情于古朴典雅的中式装修。文化主题餐厅也越来越受欢迎，如以动漫、电影、音乐等为主题的餐厅，吸引着具有相同兴趣爱好的消费者。同时，餐厅通过举办各类互动活动，如烹饪课程、美食比赛、主题派对等，能够增强消费者的参与感。例如，一家日本料理店可以通过定期举办寿司制作课程，让消费者在学习的过程中感受日本饮食文化的魅力。

（三）技术创新需求

1. 数字化管理

数字化技术正在重塑餐饮企业的管理模式。通过引入库存管理系统，企业能够实时监控食材的库存水平，自动生成采购订单，避免库存积压和浪费。成本控制软件可以精确分析每道菜品的成本构成，帮助企业优化菜单定价和成本结构。人员调度系统能够根据餐厅的客流量和业务需求，合理分配员工的工作时间、安排员工的工作岗位，提高人力资源利用效率。客户关系管理（CRM）系统则可以收集和分析消费者的消费记录、偏好并进行反馈，为个性化营销和服务提供数据支持。例如，一家连锁餐厅利用数字化管理，成功将食材浪费率降低了 30%，同时通过精准的营销活动，将客户忠诚度提高了 20%。

2. 智能烹饪设备

智能烹饪设备的应用提升了餐饮行业的标准化水平和操作稳定性。炒菜机器人按照预设的程序和参数进行烹饪，能够确保每道菜的口味一致。自动烘焙机可以精确控制温度和时间，制作出的烘焙产品品质优良。这些设备不仅提高了生产效率，减少了人工操作的误差，还能够应对人力资源短缺的问题。例如，一家快餐店使用炒菜机器人，能够在高峰时段快速、稳定地供应大量菜品，有效缩短顾客的等待时间。

3. 大数据与精准营销

大数据技术使餐饮企业能够深入了解消费者的行为和需求。通过收集和分析来自线上平台、社交媒体、会员系统等渠道的数据，企业可以精准地描绘出消费者的画像，包括年龄、性别、消费习惯、地理位置等。基于这些数据，企业可以制定更加有针对性的营销策略，推送符合消费者需求的菜品、优惠活动和个性化服务。例如，一家餐厅通过分析消费者的点餐数据，发现附近小区的居民在周末更喜欢家庭套餐，于是在周末推出特别的家庭套餐优惠活动，吸引了更多的顾客。

（四）人才需求

1. 专业技能人才

餐饮行业对专业技能人才的需求持续增长。优秀的厨师、面点师和调酒师等是保证菜品质量和口感的关键。厨师需要不断学习，才能掌握新的烹饪技巧、改进食材搭配和进行风味创新，以满足消费者日益挑剔的口味需求。面点师需要精通各种面点的制作工艺，能够根据市场需求推出新颖的点心品种。调酒师则需要熟悉各类酒水的特性和调配方法，为消费者提供独特的饮品体验。例如，一位知名厨师通过参加国际烹饪比赛和交流活动，提升了自己的技能水平，回到餐厅后推出了一系列融合不同地域风味的创新菜品，受到了顾客的热烈欢迎。

2. 经营管理人才

具备综合经营管理能力的人才对于餐饮企业的长远发展至关重要。他们具备敏锐的洞察力，能够准确把握市场趋势和消费者需求，制定有效的营销策略。在人力资源管理方面，他们善于招聘、培训和激励员工，能够为餐饮企业打造一支高效、团结的队伍。他们还具备一定的财务管理知识，能够合理控制成本、优化预算和进行风险评估。例如，一位出色的餐饮经理通过市场调研，发现当地对特色小吃的潜在需求巨大，因此引入并打造了一个热门小吃品牌，同时通过有效的成本控制和人员管理，使企业盈利大幅增长。

3. 服务人才

优质的服务是提升消费者满意度和忠诚度的重要因素。服务人员需要具备良好的沟通技巧，能够热情、耐心地与消费者交流，及时回应他们。服务人员的服务意识至关重要，要主动为消费者提供周到的服务，如为老人和儿童提供特殊照顾、及时清理餐桌等，才能获得消费者的认可。此外，服务人员还需要具备一定的应急处理能力，能够在遇到突发情况时保持冷静，妥善解决问题。例如，在一家餐厅，一名服务人员在顾客不小心打翻饮料时，迅速清理现场，并为顾客重新提供饮品，这种及时而周到的服务很容易赢得顾客的赞誉。

（五）可持续发展需求

1. 环保与资源节约

餐饮产业在运营过程中对环境产生了一定的影响，因此环保和资源节约成为餐饮企业发展的重要需求。减少一次性餐具的使用，并推广可重复使用的餐具或者可降解的环保餐具的使用是当务之急。例如，一些餐厅开始提供竹制或纸质的可降解吸管，替代传统的塑料吸管。优化能源消耗也是关键，采用节能设备如高效炉灶、节能灯具等，能够降低能源消耗并减少碳排放。此外，加强水资源管理，安装节水设备和建立水循环系统，有助于节约用水。例如，一家餐厅通过安装感应式水龙头和废水回收利用系统，显著降低了用水量。

2. 食材供应链的可持续性

建立稳定、安全、可持续的食材供应体系对于餐饮企业的长期发展具有重要意义。支持本地农业生产，与绿色食品生产商建立长期合作关系，不仅能够减少运输过程中的碳排放，还能够确保食材的品质和安全性，促进当地经济发展。例如，一些餐厅与周边的有机农场合作，直接采购新鲜的有机蔬菜和水果，为消费者提供更加健康、环保的菜品。此外，关注食材的季节性和多样性，合理利用当季食材，减少对反季节食材的依赖，有助于降低成本和保护环境。

3. 社会责任

餐饮企业作为社会的一分子,应当积极履行社会责任。关注员工福利,提供良好的工作环境、合理的薪酬待遇和广阔的职业发展机会,能够提高员工的工作满意度和忠诚度。参与社区发展活动,如支持当地的慈善事业、举办美食文化活动等,能够加强餐饮企业与社区的联系。同时,积极投身公益事业,如为贫困地区捐赠食品、开展环保宣传活动等,有助于树立良好的企业形象。

(六)政策法规需求

1. 食品安全监管

食品安全是餐饮行业的生命线,政府需要加强对餐饮行业的食品安全监管。这就要加大执法力度,严格查处违法违规行为,如使用过期食材、超限量使用食品添加剂等;还要建立健全食品安全追溯体系,确保食材从农田到餐桌全过程可追溯,让消费者吃得放心。例如,政府通过实施严格的食品安全检查制度,对不符合标准的餐厅进行严厉处罚,有效提高了整个行业的食品安全水平。

2. 税收与扶持政策

合理的税收政策对餐饮企业的发展至关重要。政府可以根据企业的规模、经营状况和社会贡献等因素,制定差异化的税收政策,减轻企业的负担。同时,为创新型、环保型餐饮企业提供税收优惠和财政扶持,鼓励企业进行技术创新和可持续发展实践。例如,对于采用环保设备和技术的餐饮企业,可给予一定的税收减免和补贴。

3. 行业规范与标准

完善餐饮行业的规范和标准,如制定统一的服务质量标准、卫生标准和安全标准,有助于规范企业的经营行为,促进市场的公平竞争和有序发展。另外,应加强对行业协会的支持和引导,发挥其在提供服务、规范管理和协调沟通等方面的作用。例如,行业协会制定的餐厅服务礼仪规范,有助于提高整个行业的服务水平。

餐饮产业的发展需求是复杂而多元的,涵盖了市场需求、消费者需求、技术创新需求、人才需求、可持续发展需求和政策法规需求等多个层面。只有深入理解并积极适应这些需求,餐饮企业才能在激烈的市场竞争中脱颖而出，实现长期稳定的发展。同时，政府和社会各界也应共同努力，为餐饮产业创造良好的发展环境，推动其不断进步。通过满足消费者对于美食、健康、社交和体验的追求，餐饮产业将为人们的生活带来更多的欢乐，为经济增长和社会发展做出更大的贡献。

二、民族地区餐饮产业发展需求

民族地区的餐饮产业作为地域文化和民族特色的重要载体，不仅为当地经济发展注入活力，还在传承民族文化、促进就业、提升居民生活质量等方面发挥着不可替代的作用。然而，受地理区位、经济发展水平、市场认知等多种因素的制约，民族地区餐饮产业在发展进程中面临诸多挑战。因此，深入剖析其发展需求，探寻有效的发展路径，对于推动民族地区餐饮产业的繁荣兴盛具有深远的现实意义。

（一）传承与创新需求

1. 保护和传承民族餐饮文化

民族餐饮文化是民族智慧的结晶，蕴含着丰富的内涵。然而，在现代化浪潮的冲击下，许多珍贵的民族餐饮文化元素正在消逝。

为了切实保护和传承这些文化瑰宝，首先，要全面而系统地开展文化普查工作，深入挖掘那些濒临失传的烹饪技艺、独特的食材选用方法以及富有民族特色的饮食习俗。例如，贵州某些少数民族的传统发酵食品制作工艺由于缺乏传承人而面临失传的危机，相关机构通过组织专业的文化团队进行实地调研和记录，建立详细的文化档案，为后续的传承工作提供了坚实的基础。

其次，积极推动民族餐饮文化的非遗申报工作至关重要。将具有代表性的民族餐饮文化纳入非物质文化遗产名录，能够提升其社会关注度和受保护力度。比如，茶俗"白族三道茶"成功申报为国家级非物质文化遗产代表性项目后，得到了更多的政策和资源支持，获得了传承与发展。

最后，培养新一代的传承人是延续民族餐饮文化的关键。通过设立传承基地、开展师徒传承活动、举办文化培训班等方式，可以吸引更多年轻人投身于民族餐饮文化事业。

2. 创新民族餐饮产品

创新是民族餐饮适应现代市场需求的必然选择。一方面，要对菜品进行创新，即结合现代营养学和消费者的口味偏好，对传统菜品的食材搭配、烹饪方法进行优化。例如，将一些过于油腻或辛辣的民族菜品进行适度调整，使其更符合健康饮食的观念。另一方面，要引入新技术和新设备，即利用现代化的烹饪工具和技术，如真空低温烹饪、分子料理等，为民族餐饮增添新的魅力。例如，民族地区特有的野生菌采用现代烹饪手法，创造出独具风味的新菜品。

（二）市场拓展与品牌建设需求

1. 挖掘民族地区的市场潜力

民族地区的餐饮企业应充分挖掘本地市场的潜力。首先，要优化餐饮网点的布局。根据城市发展规划和人口分布特点，合理布局各类餐饮门店，确保不同区域的居民都能方便地享受到优质的餐饮服务。例如，在城市中心可以设立高端的民族特色餐厅，满足商务宴请等需求；在社区周边则可以开设民族特色小吃店和快餐店，满足居民的日常用餐需求。

其次，要提供多样化的餐饮服务。除了传统的堂食服务，民族地区的餐饮企业还应积极发展外卖、半成品加工等服务模式，以满足消费者不同场景下的用餐需求。

最后，要不断提升餐饮品质和服务水平。加强对食材采购、加工制作、卫生安全等环节的管理，确保菜品的质量和口感是关键。同时，加强对服务人员的培训，提高其服务意识和服务技能，才能为消费者提供更加贴心、周到的服务。

2. 开拓更广阔的市场

为了让民族餐饮走向更广阔的天地，必须积极开拓民族地区以外的市场。首先，要通过各类美食节、餐饮展会、文化交流活动等，展示民族餐饮的独特魅力，提高民族餐饮知名度。例如，新疆的烤羊肉串在全国各地的美食节上备受欢迎，通过这种展示，可以让更多人了解新疆美食。

其次，要利用互联网和新媒体平台进行营销宣传，如开设社交媒体账号，发布菜品图片和菜品，制作视频讲述美食故事等，吸引消费者的关注。通过抖音、小红书等平台上的美食博主推荐，一些民族特色餐厅成为网红打卡地，吸引了大量的消费者。

最后，与各地的餐饮企业、经销商合作，建立销售渠道和合作网络，也是开拓市场的有效途径。比如，内蒙古自治区的奶制品企业与外地的超市、便利店合作，可将产品推向全国市场。

3. 加强品牌建设

品牌是餐饮企业的核心资产和市场竞争力的关键体现。民族地区的餐饮企业要从品牌定位、形象设计、传播等方面入手，打造具有鲜明特色和文化内涵的餐饮品牌。

在品牌定位方面，要明确目标客户群体和品牌特色。明确目标客户群体，有助于民族餐饮企业在了解目标客户的需求、喜好和消费行为等的基础上，提供符合他们期望的产品和服务，进而提高品牌的吸引力和影响力。品牌特色的确立同样重要。独特的品牌故事、视觉识别系统以及价值观等，有助于民族餐饮企业提高知名度和美誉度，进而使其在激烈的市场竞争中脱颖而出。

品牌形象设计是一个复杂而系统的过程。对于民族餐饮企业，品牌形象设计包括品牌名称、标志、店面装修、菜单设计等方面。民族餐饮企业品牌形象设计时，要突出民族特色和文化元素，同时要结合现代审美观念，以打造出具有吸引力和辨识度的品牌形象。比如，一家藏族餐厅可以以藏式建筑风格为基础进行店面装修，营造出浓郁的藏族风情。

品牌传播是企业实现品牌价值的重要手段，即企业通过多种媒介和手段向目标客户传递品牌信息的过程。它不仅包括广告、公共关系、销售促进等传统手段，还涵盖数字营销、社交媒体、内容营销等现代方式。比如，一家民族餐厅可以举办"民族美食文化节"，邀请消费者参与美食制作、文化体验等活动，增进餐厅与消费者之间的互动和情感联系。

（三）人才培养与引进需求

1. 培养专业人才

民族地区餐饮产业的发展离不开各类专业人才的支撑。加强与职业院校的合作是培养专业人才的重要途径。职业院校可以根据市场需求开设相关专业课程，如民族烹饪技术、餐饮管理、服务营销等。例如，四川省的一些职业院校与当地的川菜企业合作，共同制订教学计划和课程标准，培养了一大批适应川菜产业发展的专业人才。

在教学过程中，应注重理论与实践相结合。通过建立实习基地、开展模拟实训、组织技能竞赛等方式，能够有效提高学生的实际操作能力和创新能力。比如，广西壮族自治区的一些职业院校与当地的螺蛳粉企业合作，建立了螺蛳粉制作实训基地，让学生在实践中掌握螺蛳粉的制作工艺和技巧。

此外，鼓励和支持社会力量开展餐饮培训也是培养专业人才的有效补充。社会培训机构可以针对不同层次和需求的人群，提供短期培训、专项技能培训等服务，满足市场对各类餐饮人才的多样化需求。

2. 引进高端人才

为了提升民族地区餐饮产业的整体水平，引进高端人才势在必行。高端人才包括具有丰富行业经验的餐饮管理专家、创新型菜品研发人才、精通市场营销的策划人才等。可以通过优厚的待遇、良好的发展环境和广阔的发展空间，吸引这些人才投身民族地区餐饮产业的发展。例如，为他们提供住房补贴、子女教育优惠、科研经费支持等，解决他们的后顾之忧。还可以搭建创新创业平台，鼓励他们在民族地区开展新业务、新模式的探索和实践。比如，某民族地区为了引进一位知名的餐饮管理专家，专门成立了专家工作室，并为其配备了专业的团队，提供了有效的资源，以支持其开展餐饮企业管理咨询和培训服务，从而提升了当地餐饮企业的管理水平。

（四）产业融合与升级需求

1. 与旅游业融合

民族地区丰富的旅游资源为餐饮产业的融合发展提供了得天独厚的条件。餐饮企业应主动与旅游景区、旅行社等加强合作，共同开发具有民族特色的旅游餐饮产品。比如，可以在旅游景区内开设民族特色餐厅，提供与景区主题相契合的餐饮服务。在丽江古城景区内，有许多纳西族特色餐厅，可供游客在欣赏古城美景的同时，品尝纳西族的传统美食，如腊排骨火锅、鸡豆凉粉等。海滨城市北海市的疍家特色美食餐厅及街边小吃，深受游客喜爱。

此外，还可以将民族餐饮与旅游线路相结合，推出"美食之旅"产品。让游客在游览的过程中，不仅能够欣赏到美丽的自然风光和人文景观，还能品尝到当地的特色美食，深入体验民族地区的饮食文化。比如，桂林市一些旅行社推出了"桂林山水美食之旅"线路，选择这一旅游线路的游客可以品尝到桂林米粉、漓江鱼等特色美食，极大地丰富了旅游体验。

2. 与农业融合

加强民族地区餐饮产业与农业的融合，对于保障食材供应、提升食材品质、促进农业增效和农民增收具有重要意义。餐饮企业可以与当地的农户、农业合作社等建立长期稳定的合作关系，建立食材供应基地。例如，在内蒙古自治区，一些餐饮企业与当地的牧民合作，建立了牛羊肉供应基地，当地牧民会按照餐饮企业的要求进行牛羊养殖和牛羊肉加工，确保了食材的品质。

餐饮企业还可以通过订单农业的方式，引导农户种植适合餐饮需求的特色农产品，促进农产品的定向销售。比如，云南省的一些餐厅与当地的农户签订合同，订购特定品种的蔬菜和香料，既保证了餐厅食材的独特性，又促进了当地农业的发展。

此外，餐饮企业还可以对农产品进行深加工，开发具有地方特色的食品和饮品，提高农产品的附加值。比如，四川省的一些餐饮企业利用当地的水果和茶叶，开发出了果酒和茶饮料等产品，丰富了企业的产品线，增加了企业的收入。

3. 产业升级

民族地区餐饮产业需要不断推进产业升级，以适应市场竞争和消费需求的变化。

首先，要推动餐饮企业的规模化发展。通过整合资源、连锁经营、并购重组等方式，培育一批具有较强市场竞争力的大型餐饮企业集团。例如，某民族地区的一家知名餐饮企业通过连锁经营的方式，在全国范围内开设了多家分店，实现了规模扩张和品牌推广。

其次，要加强餐饮企业的标准化建设。制定和完善菜品制作标准、服务标准、卫生标准等，确保餐饮产品的质量稳定、服务水平稳定。

最后，要加快餐饮产业的信息化进程。利用互联网、大数据、人工智能等技术，实现餐饮企业的数字化管理、精准化营销和智能化服务。例如，可以通过建立客户关系管理系统，分析消费者的消费行为和消费偏好，为企业的经营决策提供数据支持；还可以利用智能点餐系统、无人配送等，提高服务效率和改善消费者体验。

（五）政策支持与保障需求

1. 资金支持

政府应加大对民族地区餐饮产业的资金投入，设立专项发展基金，用于支持餐饮企业的技术创新、品牌建设、市场拓展等。例如，可以为民族地区的餐饮企业提供贷款贴息，降低其融资成本；可以对新开设的民族特色餐厅给予一定的开业补贴，鼓励创业创新。

同时，应引导金融机构加大对民族地区的餐饮企业的信贷支持力度，创新金融产品和服务模式，如开展知识产权质押贷款、应收账款质押贷款等业务，为民族地区的餐饮企业提供更多的融资渠道。比如，某民族地区的一家餐饮企业以其独特的菜品配方作为知识产权质押，获得了银行的贷款支持，用于企业的发展壮大。

2. 税收优惠

对民族地区的餐饮企业给予税收减免和优惠政策，可减轻其负担。例如，对新成立的小型微利民族地区餐饮企业，在一定期限内免征企业所得税，或对符合条件的民族地区餐饮企业，实行增值税减免或即征即退政策，有利于保护这些企业的早期发展。

此外，对从事民族特色餐饮研发、生产和经营的企业，给予税收优惠，可鼓励其创新，促进其发展。比如，对开发具有民族特色的新菜品、新饮品的企业，给予一定比例的研发费用加计扣除，有利于激发相关企业的创新积极性。

3. 政策引导

政府应出台相关政策，引导餐饮企业规范经营、诚信经营；应加强食品安全监管，建立健全食品安全追溯体系，加大对违法违规行为的处罚力度，保障消费者的饮食安全。例如，可定期对餐饮企业进行食品安全检查，责令不符合标准的企业进行整改等。

政府应鼓励餐饮企业开展绿色餐饮、文明餐饮活动，比如，对实行"光盘行动"成效显著的餐饮企业给予表彰和奖励。

政府还应加强对民族餐饮文化的保护和传承，制定相关的保护政策和措施，支持民族餐饮文化的研究、宣传和推广。比如，举办民族餐饮文化节、开展民族餐饮文化学术研讨活动等。

民族地区餐饮产业的发展承载着丰富的文化内涵和经济使命。深入满足其在传承与创新、市场拓展与品牌建设、人才培养与引进、产业融合与升级以及政策支持与保障等维度的需求，是实现其可持续发展的必由之路。这不仅需要民族地区餐饮从业者自身的不懈努力和创新探索，更需要政府、社会各界以及广大消费者的共同关注和支持。唯有形成合力，充分发挥民族地区独特的资源优势，展现民族地区独特的文化魅力，不断优化发展环境，创新发展模式，才能推动民族地区餐饮产业迈向更加辉煌的未来，为民族地区的经济繁荣、社会和谐以及文化传承做出贡献。

第二节　人才供给与需求失衡分析

餐饮产业作为服务业的关键领域，在推动经济增长、创造就业机会以及满足人们日益多样化的生活需求方面发挥着重要作用。然而，在其蓬勃发展的过程中，人才供给与需求失衡的难题逐渐凸显，对行业的持续进步构成了严重阻碍。

（一）餐饮行业人才需求特点

1. 专业技能多样化

餐饮行业的分工日益精细，对人才的专业技能要求愈发多元化。厨师不仅需要精通传统的烹饪技法，如煎、炒、烹、炸等，还需掌握现代烹饪技术，如分子料理、低温慢煮等，以满足消费者对创新菜品的需求。服务人员不仅要具备基本的服务礼仪和沟通技巧，还要了解菜品知识，能够为顾客提供恰当的点菜建议，要具备应变能力以及时处理顾客投诉。管理人员则不仅要熟悉餐饮业务流程，还要具备市场营销策略制定、人力资源的合理调配以及精准的财务管理能力，以确保企业的高效运营和持续盈利。

以一家高档西餐厅为例，其厨师不仅要能烹制出正宗的法式牛排、意大利面等经典西餐，还要能够根据季节和市场需求创新菜品；其服务人员要能用流利的英语为外籍顾客服务，还要熟知西餐的用餐礼仪和酒品搭配知识；管理人员则要根据餐厅的定位和目标客户群体，制定有效的市场推广方案，控制成本，优化工作人员配置。

2. 实践经验要求高

无论是在繁忙的厨房中保证菜品质量的稳定和出品的高效，还是在餐厅大堂迅速响应顾客的各种需求，处理突发状况，都需要工作人员拥有丰富的实践经验。例如，在宴会服务中，工作人员要能够根据不同的规模和主题合理安排场地和菜品供应，确保服务的流畅与高效；厨师面对高峰期的大量订单时，要能够合理安排烹饪顺序，保证菜品按时上桌且品质不受影响。

3. 亟须创新人才

随着消费者需求的变化和市场竞争的加剧，餐饮企业迫切需要具有创新能力的人才。这包括在菜品研发方面，能够融合不同地域的食材和烹饪方法，创造出新颖菜品的人才；在服务模式方面，能够引入智能化服务方式，提升顾客体验的人才；在营销方面，善于运用新媒体和社交平台进行品牌推广和活动策划的人才。

一些网红餐厅通过创新菜品呈现方式，如将菜品与艺术表演相结合，或者打造沉浸式的用餐环境，吸引了大量年轻消费者；一些传统餐厅则通过开发线上订餐、私人定制餐饮服务等模式，拓展了市场份额。

4. 要具备团队合作精神

餐饮工作的各个环节紧密相连，从食材采购、厨房准备、餐厅服务到后勤保障，各个岗位密切配合，才能为消费者提供优质的餐饮服务。在大型餐饮活动中，如婚宴、商务宴请等，更是需要多个部门协同作战，确保活动的顺利进行。例如，厨房团队要根据服务团队反馈的顾客需求及时调整菜品口味和上菜速度，服务团队要准确传达顾客的特殊要求，采购部门要根据菜品的销售和使用情况及时补充新鲜食材等。

（二）当前人才供给状况

1. 人才流失严重

餐饮行业的工作强度高、工作时间不规律以及职业发展空间有限，导致许多餐饮工作人员在工作一段时间后选择离开。尤其是基层员工，工作压力大、收入水平相对较低，往往难以长期坚持。此外，一些具备一定经验和技能的人才也会因为更好的发展机会而跳槽到其他行业。

比如，一家中餐厅的厨师在工作几年后，由于长期的高强度工作和不规律的作息，身体出现健康问题，最终选择转行从事其他工作；一位优秀的餐厅经理因为在本企业看不到明确的晋升空间，被竞争对手高薪挖走。

2. 外来劳动力供给不足

在一些经济发达地区和旅游热门城市，餐饮行业对劳动力的需求较大，但生活成本高昂等因素，限制了外来务工人员的流入。同时，外来务工人员在当地面临的子女教育等问题，也影响了他们的稳定性和工作积极性。

例如，在旅游旺季时，某沿海旅游城市的餐饮企业对服务员、厨师等岗位的需求急剧增加，但外来务工人员难以承受当地高昂的生活成本，导致劳动力供应不足，企业经营受到影响。

（三）人才供给失衡的原因分析

1. 教育与培训体系不完善

目前，餐饮相关的教育和培训资源相对有限，且存在与实际工作需求脱节的问题。职业院校的课程设置往往侧重于理论知识的传授，实践教学环节相对薄弱，导致学生缺乏工作能力。此外，培训内容更新速度慢，难以跟上餐饮行业快速发展的步伐，导致毕业生在实际工作中面临诸多困难，需要较长时间的适应期。

例如，某职业院校的烹饪课程对新出现的烹饪技术和流行的菜品风格涉及较少，学生进入餐厅工作后发现所学与实际操作存在较大差距。

2. 行业发展速度与人才培养速度不匹配

餐饮行业近年来经历了快速的发展，新的餐饮品牌和经营模式不断涌现，消费需求也日益多样化和个性化。然而，人才培养需要较长的周期，从教育机构的课程设置调整到人才的培养和输出，都需要一定的时间。这导致人才的培养速度无法跟上行业发展的速度，造成了人才短缺的局面。

比如，随着外卖行业的迅速崛起，餐饮企业对熟悉线上运营和配送管理的人才需求大增，但相关专业的人才培养还处于起步阶段，无法满足市场需求。

3. 薪酬福利与工作强度不成正比

餐饮行业通常工作时间长、劳动强度大，尤其是在节假日和高峰时段，餐饮工作人员需要长时间连续工作且承受较大的压力。然而，与之相对应的薪酬待遇和福利水平却往往未能达到餐饮工作人员的期望。这使餐饮工作人员在工作中难以获得足够的物质回报和生活保障，从而加速了餐饮行业的人员流动。

例如，一家餐厅的服务员每天工作超过 10 小时，周末和节假日更是忙得不可开交，但月薪仅能维持基本生活，导致其服务员的工作积极性不高，离职率上升。

4. 职业发展通道不清晰

许多餐饮工作人员缺乏明确的职业晋升路径和规划，不清楚自己未来的发展方向和上升空间，对未来感到迷茫和不确定。这使他们缺乏长期在企业工作的动力和信心，一旦有更好的机会，就会离开。

比如，在一些小型餐饮企业，员工从入职到离职，始终在基层岗位工作，没有晋升机会和职业培训，难以实现个人的职业成长。

5. 企业用人观念陈旧

部分餐饮企业仍然遵循传统的用人模式，过于注重短期的经济效益，忽视员工的长期发展。他们在招聘时只看重工作经验，不愿意投入时间和资源培养新人；在员工管理上，缺乏人性化关怀和激励机制，导致员工的工作满意度低，忠诚度差。

例如，某些企业为了降低成本，大量使用临时工和兼职员工，不注重对他们的培训和职业发展规划，使员工缺乏对企业的归属感和认同感。

6. 社会认知偏差

社会对餐饮行业的认知存在一定的偏差，认为餐饮工作人员社会地位不高，餐饮工作缺乏稳定性和发展潜力。这种观念在一定程度上影响了年轻人的职业选择，使他们更倾向于选择其他被认为更有前途和社会认可度更高的行业。

许多家长在为孩子规划职业时，往往不鼓励他们从事餐饮行业，导致餐饮行业在人才吸引方面面临较大的困难。

（四）解决人才供给与需求失衡问题的策略

1. 优化教育与培训体系

职业院校应加强与餐饮企业的深度合作，与之建立长期稳定的合作关系，共同制定人才培养方案。企业可以为职业院校提供实践教学基地和真实的项目案例，职业院校可以根据企业对人才的需求调整课程设置和教学内容，这样培养出的人才更符合市场需求。例如，某职业院校与当地多家知名餐饮企业合作，定期安排学生到企业实习，企业的厨师和管理人员担任实习导师，指导学生实践操作，学生毕业后能够迅速适应企业的工作环境和要求。

职业院校应丰富实践教学环节，增加实践课程的比重，让学生在模拟餐厅或真实的餐饮场所进行实习和实训。同时，应引入企业的真实项目，如菜品研发、营销策划等，让学生在实践中锻炼解决实际问题的能力。

应鼓励社会培训机构针对不同层次和岗位的需求开展多样化的培训课程，

如提供短期培训、专项技能培训等课程。再如，社会培训机构可以开设针对餐饮创业者的管理课程、针对厨师的新技术培训课程、针对服务人员的沟通技巧提升课程等。

2. 提高薪酬福利水平，改善工作环境

餐饮企业应根据岗位的工作强度、技能要求和市场行情等，制定合理的薪酬标准；应引入绩效奖金等激励机制，让员工的收入与工作表现和企业效益相关联。比如，一家餐厅为厨师设立了菜品创新奖金，鼓励厨师开发受欢迎的新菜品，提高了厨师的工作积极性和创新动力。

餐饮企业应完善福利保障制度，为员工提供五险一金、带薪年假、节日福利、工作餐、住宿等福利，解决员工的后顾之忧。例如，某餐饮企业为员工提供免费的宿舍和工作餐，定期组织员工体检和旅游，增强了员工的归属感和幸福感。

餐饮企业应优化工作流程，减轻工作强度。如通过引入先进的设备和技术，优化厨房布局和烹饪流程，提高工作效率，减少员工的无效劳动和工作压力；采用智能化的点餐系统和厨房设备，缩短菜品出品时间，降低员工的劳动强度。

3. 构建清晰的职业发展通道

餐饮企业应为员工提供从基层到管理层的晋升路径，明确每个岗位的职责和能力要求，让员工清楚地知道自己的发展方向和努力目标。例如，一家连锁餐饮企业为服务员设计了晋升通道，从初级服务员到高级服务员，再到领班、主管、经理，每个阶段都有相应的培训和考核。

餐饮企业还应为员工提供多元化的发展路径。即除了垂直晋升，还应为员工提供跨部门、跨岗位的发展机会，如从服务岗位转到管理岗位，或者从厨房岗位转到营销岗位，以激发员工的潜力和创造力。比如，某餐厅鼓励厨师参与菜品营销策划，让他们了解市场需求，开阔菜品创新思路，同时让他们探索更广阔的职业发展空间。

餐饮企业应为处于不同职业发展阶段的员工提供具有针对性的培训课程，以帮助他们提升能力，实现职业目标。例如，企业可以为有晋升潜力的员工安排领导力培训课程，为他们配备导师，进行一对一的指导和培养。

4. 创新用人观念，加强人才培养与储备

餐饮企业应重视对人才的培养和储备。这就需要餐饮企业将人才视为企

业的核心资产，进而制定长期的人才发展战略，加大对人才培养的投入，建立人才储备库。比如，一家餐饮集团每年都会选拔一批优秀的基层员工作为储备干部进行重点培养，这为企业的发展储备了大量的管理人才。

餐饮企业应转变用人观念。从只注重短期效益转变为注重长期发展，为员工提供良好的工作环境和发展空间，这样有助于激发员工的积极性和创造力。例如，某餐厅在招聘时不仅看重应聘者的工作经验，更注重应聘者的学习能力和潜力，后续通过内部培训和实践锻炼，培养出了一批优秀的员工。

5. 提升行业形象，改变社会认知

相关部门或组织应加强媒体宣传，通过电视、报纸、网络等媒体，展示餐饮行业的魅力和发展前景，报道优秀餐饮企业和从业者的成功故事，改变社会对餐饮行业的负面看法。例如，制作关于餐饮行业的纪录片，展示厨师的精湛技艺、餐饮从业者的创业精神和行业的创新发展，提高社会对餐饮行业的关注度和尊重度。

相关部门或组织应举办各类餐饮行业的比赛、展览等活动，为从业者提供交流和展示的平台，提升行业的整体形象和社会影响力。比如，举办"全国烹饪大赛""区域烹饪技能大赛"等活动，吸引社会各界的关注，展示餐饮行业的活力和创新能力。

相关部门或组织应加强职业教育宣传，让更多的人了解餐饮行业的职业发展机会和前景，吸引年轻人投身餐饮事业。通过举办职业讲座和体验活动，让更多人亲身体验餐饮工作的乐趣和挑战。

餐饮产业人才供给与需求的失衡是一个涉及多方面因素的复杂问题，需要政府、企业、教育机构等各方的共同努力、协同合作加以解决。通过持续优化教育与培训体系、显著提高薪酬福利水平和改善工作环境、精心构建清晰的职业发展通道、积极创新用人观念并切实加强人才培养与储备，大力提升行业形象以扭转社会认知，有望逐步化解这一长期存在的失衡状况。这不仅将为餐饮产业注入源源不断的人才活力，有力保障其持续、健康、稳定的发展，还将为整个社会的经济繁荣和就业稳定做出积极贡献。

第三节　中等职业学校产教融合现状分析

在当今经济全球化和科技迅猛发展的时代背景下，产业结构的优化升级和创新驱动发展战略的实施，使社会对高素质技能型人才的需求日益迫切。中等职业学校是培养此类人才的重要阵地，其教育教学改革的核心方向和关键举措便是产教融合。产教融合不仅有助于提升学生的实践能力和就业竞争力，还有助于提升中等职业学校的教育教学质量，增强企业的创新能力和市场竞争力，推动经济社会的可持续发展。

一、产教融合的主要模式

（一）订单式培养

订单式培养是指中等职业学校与企业签订明确的人才培养协议，根据企业特定的岗位需求和技能要求，定制专门的教学计划和课程体系。这种模式的优势在于能够实现人才培养与企业需求的精准对接。例如，某电子技术学校与一家大型电子制造企业合作开展订单式培养。该企业向电子技术学校提供了未来两到三年内所需的电子装配工、调试工和质检员等岗位的具体技能要求和职业素养标准。电子技术学校据此调整了教学计划，增加了与该企业要求紧密相关的课程，如特定型号电子产品的组装与调试、生产线上的质量控制流程等。在教学过程中，该企业会定期派技术骨干到电子技术学校为学生授课，分享实际工作中的经验和案例。学生毕业后直接进入该企业相应岗位工作，实现了从学校到企业的无缝衔接。

（二）共建实训基地

共建实训基地是一种常见的学校与企业合作模式，即学校提供场地和部分基础设备，企业则投入先进的生产设备、技术和管理经验，共同培养人才。这种模式为学生提供了真实的工作环境和实践机会。比如，某汽车职业学校与多家知名汽车制造企业和汽车维修企业合作，共同建设了一个集汽车生产、维修和销售于一体的综合性实训基地。基地内按照企业的实际生产车间布局，配备了最新的汽车生产流水线、维修检测设备和工具。企业定期派工程师和技师到基地指导学生实习，向学生传授最新的汽车制造技术和维修工艺。学生在基地实训期间，能够参与企业的实际生产和维修项目中，不仅提高了实际操作能力，还培养了团队合作精神和职业素养。

（三）现代学徒制

现代学徒制将传统的学徒培训与现代职业教育相结合，即企业师傅和学校教师共同承担育人责任，学生在学校学习理论知识，在企业跟随师傅进行实践操作。例如，某烹饪学校与当地的一家高档餐饮企业合作推行现代学徒制，学生在学校学习基础的烹饪理论并进行基本功训练，定期到企业跟随资深厨师师傅进行实践学习。师傅根据学生的实际情况制订个性化的培养计划，手把手地传授烹饪技巧和菜品创新方法。同时，学生还要参与企业的厨房管理和服务流程，了解餐饮行业的经营模式和市场需求。这种模式使学生在实践中迅速成长，毕业时已经具备了独立工作和创新发展的能力。

二、产教融合取得的成效

（一）提高了学生的就业竞争力

通过产教融合的实践教学，学生能够在真实的工作场景中锻炼自己的技能，熟悉企业的工作流程和管理模式，培养良好的职业素养和团队合作精神。这使他们在毕业后能够更快地适应工作岗位，受到用人单位的高度认可和欢迎。例如，某机械加工专业的学生在实训期间参与了企业的实际生产项目，熟练掌握了数控机床的操作和编程技术。毕业后，他凭借在实训中的出色表现顺利进入一家大型机械制造企业工作，并很快成为生产线上的技术骨干。

（二）促进了学校的专业建设

通过产教融合，学校能够及时了解企业的最新需求和行业的发展动态，并据此调整专业设置和课程内容，优化教学方法和手段。学校还可以与企业共同开发课程，将企业的实际案例和项目引入教学，使教学内容更加贴近实际生产和服务需求，提高教学质量和效果。比如，某信息技术学校在与一家软件企业合作的过程中，了解到大数据分析和人工智能技术的广泛应用前景，因此及时调整了专业方向，开设了相关课程，并邀请企业技术专家参与课程开发和教学。这使学校的专业设置更加符合市场需求，培养的学生具备更强的就业竞争力。

（三）　增强了企业的人才储备

企业通过参与产教融合，提前介入人才培养过程，能够按照自身的发展战略和岗位需求选拔和培养学生。这些学生在学习和实训过程中已经熟悉了企业的文化和价值观，认同企业的发展理念，毕业后能够更快地融入企业，为企业的发展贡献力量。例如，某电子企业与当地的中等职业学校合作开展订单式培养，每年都能选拔一批优秀的学生充实到研发和生产一线。这些学生经过企业的进一步培训，很快成为企业的技术骨干和管理人才，为企业的持续发展提供了有力的支持。

（四）　推动了地方经济的发展

中等职业学校培养的大量高素质技能型人才，为地方产业的发展提供了充足的人力资源保障。这些人才在当地的企业中发挥着重要作用，促进了地方产业的升级和创新，推动了地方经济的快速发展。比如，某地区的中等职业学校围绕当地的支柱产业——纺织业开展产教融合，培养了大批纺织技术工人和管理人员。这些人才的涌入使当地的纺织企业提高了生产效率和产品质量，增强了市场竞争力，促进了纺织产业的转型升级，带动了地方经济的繁荣。

三、产教融合存在的问题

（一）　合作深度不够

尽管产教融合在形式上取得了一定的成果，但部分合作的深度不够。在制定人才培养方案的过程中，企业往往局限于提供一些一般性的建议，而未能深入参与课程体系的构建、教学内容的选择和教学方法的设计等关键环节。这导致学校培养的人才与企业的实际需求之间仍存在一定的差距。比如，在一些订单式培养项目中，虽然学校按照企业的要求设置了相关课程，但由于企业的参与程度不够深入，学生在实际工作中仍发现所学知识与实际操作脱节，需要在企业进行较长时间的二次培训才能胜任工作。

（二）　利益分配不均衡

学校和企业在产教融合中往往有着不同的利益诉求。学校更注重人才培养的质量和社会效益，希望通过产教融合提高教学水平，为学生创造更好的就业机会；而企业则更关注短期的经济效益，担心学生实习会影响生产效率，增加管理成本。这种利益诉求的不一致容易影响合作的稳定性。例如，在共建实习实训基地的过程中，企业可能需要投入大量的资金和设备，但短期内难以看到明显的经济回报。而学校则希望企业能够提供更多的实践机会和技术指导。双方若不能达成共识，合作难以继续。

（三）师资队伍建设不足

中等职业学校的教师队伍普遍缺乏在企业实践的经验。他们大多毕业于高校，理论知识丰富，但对行业的新技术、新工艺、新规范了解不够深入，在教学中难以将理论与实践紧密结合，难以有效地指导学生进行实践操作。比如，某计算机专业的教师在教授软件开发课程时，由于自身缺乏实际的项目开发经验，只能按照教材进行讲解，学生在实际操作中遇到问题时，教师难以提供有效的解决方案并进行指导。

（四）政策支持和保障不完善

尽管国家出台了一系列鼓励产教融合的政策法规，但这些政策法规的具体实施还存在一些问题。例如，对企业参与产教融合的税收优惠、财政补贴等政策落实不到位，缺乏有效的监督和评价机制等。一些地方政府虽然承诺对参与产教融合的企业给予税收减免，但在实际操作中，审批流程烦琐、条件苛刻，企业难以享受到真正的优惠政策。同时，对于学校和企业在产教融合中的表现，缺乏科学合理的评价标准，无法及时发现问题并进行调整和改进。

四、影响产教融合的因素

（一）观念因素

学校和企业对产教融合的重要性和必要性认识不足，是影响产教融合深入发展的重要因素。部分学校仍然沿袭传统的教学模式，重理论轻实践，认为产教融合只是一种形式，没有真正将其纳入学校的发展战略和教学体系中。而一些企业则认为参与产教融合会增加成本和风险，没有看到其对企业长远发展的积极作用。

例如，一些学校领导认为产教融合会打乱正常的教学秩序，影响学校的教学质量评估，因此对产教融合持消极态度。而一些企业管理者则认为学生实习会影响生产进度和产品质量，不愿意接收学生实习。

（二）行业差异

不同行业的发展水平、技术更新速度和人才需求各不相同，这对产教融合的模式和效果产生了影响。一些新兴行业如互联网行业等，技术更新快，对人才的创新能力和综合素质要求较高，学校的课程内容往往跟不上行业的变化，传统的产教融合模式难以满足其需求。而一些传统行业如制造业等，虽然对技能型人才的需求较大，但行业竞争激烈，一些中小企业由于自身实力有限，缺乏参与产教融合的动力和能力。

（三）地区经济发展水平

地区经济发展水平的不平衡也制约了产教融合的发展。在经济发达地区，企业数量多、规模大、技术水平高，对人才的需求旺盛，有比较充分的条件开展产教融合。而在经济欠发达地区，企业数量少、规模小、技术水平相对落后，难以提供足够的实习岗位和技术支持，学校与企业合作的机会相对较少。例如，在东部沿海地区，一些中等职业学校能够与当地的大型企业建立紧密的合作关系，开展深度的产教融合项目。而在中西部地区的一些贫困县，由于当地企业数量有限，中等职业学校往往面临找不到合作企业的困境，产教融合难以有效开展。

五、改进建议

（一）加强政府引导和支持

政府应进一步完善关于产教融合的政策法规体系，明确学校、企业和政府在产教融合中的权利和义务，为产教融合提供制度保障；加大对产教融合的资金投入，设立专项基金，用于支持学校与企业共建实习实训基地、开展课程研发和师资培训等项目；建立健全监督和评价机制，加强对产教融合项目的过程管理和绩效评估，确保政策的有效落实和项目的顺利实施。例如，政府可以出台具体的税收优惠政策，对参与产教融合的企业给予一定比例的税收减免；设立产教融合专项资金，对成效显著的产教融合项目给予奖励；建立产教融合信息平台，及时发布政策法规、项目信息和评价结果，加强对产教融合的监督和管理。

（二）深化合作模式

学校和企业应积极探索多元化的合作方式，不断创新产教融合的模式和机制。例如，成立产教融合联盟，整合学校、企业和行业协会等各方资源，共同开展人才培养、技术研发和社会服务等项目；开展产学研合作，由学校和企业共同承担科研项目，促进科技成果转化和应用；建立产业学院，将企业的生产车间搬进产业学院，促进教学与生产的一体化发展。某地区的中等职业学校与多家企业和行业协会共同成立了智能制造产教融合联盟，通过整合各方资源，共同制定人才培养方案、开发课程体系、建设实习实训基地，实现了人才培养与产业需求的精准对接。

（三）加强师资队伍建设

学校应加强师资队伍建设，鼓励教师到企业挂职锻炼，以提高教师的实践能力和专业水平；建立教师企业实践制度，规定教师每年必须有一定时间到企业参与生产和管理工作，以了解行业的最新技术和发展动态；积极引进企业技术人员和能工巧匠担任兼职教师，以充实师资队伍，优化师资结构。例如，某中等职业学校制订了教师企业实践计划，每年安排专业教师到企业挂职锻炼三个月。这些教师在企业期间，参与企业的实际生产和研发工作，学习企业的先进技术和管理经验，回校后，将所学知识应用于教学，取得了良好的教学效果。

（四）转变观念

通过宣传和培训，提高学校和企业对产教融合的认识，树立共同发展的理念。政府和行业协会应组织开展产教融合的宣传活动，宣传产教融合的成功案例和经验，营造良好的社会氛围。学校和企业应加强对师生和员工的培训，让他们了解产教融合的重要性和意义，增强参与产教融合的积极性和主动性。比如，政府可以通过举办产教融合论坛、研讨会等活动，邀请专家学者和企业代表分享产教融合的经验和成果；学校可以组织教师和学生到企业参观学习，让他们亲身感受企业的文化和工作环境；企业可以开展内部培训，向员工宣传产教融合对企业发展的积极作用。

中等职业学校产教融合在提升学生就业竞争力、促进学校专业建设、增强企业人才储备和推动地方经济发展等方面取得了一定的成绩，但仍存在合作深度不够、利益分配失衡、师资队伍建设不足，以及政策支持和保障不完善等问题。这些问题的解决需要政府、学校、企业等社会各方的共同努力，如加强政府引导和支持、深化合作模式、加强师资队伍建设、转变观念，只有这样，才能推动产教融合向更高水平、更深层次发展，才能培养更多高素质的技能型人才，实现职业教育与产业发展的良性互动和协同共进。

第四节　广西壮族自治区中餐烹饪专业群产教融合现状

广西壮族自治区以丰富多样的民族文化和独特的地理环境，孕育了独具特色的饮食文化。从鲜美的桂菜到琳琅满目的地方小吃，无不彰显着广西壮族自治区饮食的魅力。在这样的背景下，烹饪专业的产教融合不仅是培养高素质烹饪人才的重要途径，也是传承和弘扬广西壮族自治区饮食文化、推动地方经济发展的关键举措。

一、产教融合模式

（一）校企合作订单式培养

1. 精准对接企业需求

广西壮族自治区的不少中等职业学校和高等职业院校与当地知名餐饮企业建立了紧密的合作关系。企业根据自身的发展战略和市场定位，明确所需烹饪专业人才的类型和技能要求。学校则依据这些具体需求，制定个性化的培养方案。例如，一家以桂菜为特色的餐饮企业，需要精通传统桂菜制作方法且具备一定创新能力的厨师，学校便在课程设置中加大桂菜烹饪技巧的教学比重，并安排创新实践课程。

2. 定制化课程与实践

为了确保学生能够满足企业的期望，订单式培养模式下的课程内容往往融合了企业所需的特色菜品和工艺。比如，某企业的招牌菜"阳朔啤酒鱼"的制作工艺会被纳入教学内容，让学生在学校就能学习到这一独特的烹饪方法。同时，企业还会为学生提供实习机会，让他们在实际工作环境中熟悉企业的运营流程和文化。

3. 全程跟踪与反馈

在整个合作培养过程中，企业和学校保持密切沟通。企业会定期派专业人员到学校了解学生的学习进度和表现，学校也会及时向企业反馈学生的学习情况和存在的问题。这种双向的跟踪与反馈机制，有助于及时调整培养方案，确保培养效果。

（二）共建实训基地

1. 资源整合与优势互补

学校与企业共同出资建设烹饪实训基地，实现了资源的有效整合。企业提供烹饪设备、食材和技术指导，使学生能够接触到行业内最新的工具和技术。学校则利用自身的教育资源和管理经验，负责实训基地的日常运营和教学组织。例如，一家大型餐饮企业捐赠了一批高端的炉灶和烘焙设备，而学校则配备了专业的教师进行设备使用的教学和指导。

2. 真实场景模拟

实训基地的建设力求模拟真实的餐饮工作环境，包括厨房布局、工作流程和卫生标准等。学生在这样的环境中进行实践操作，能够更好地理解餐饮工作及相关岗位的要求。比如，实训基地按照酒店厨房的标准设置了不同的工作区域，如热菜区、凉菜区、面点区等，让学生在学习过程中熟悉不同岗位的工作要求。

3. 产学研一体化

共建的实训基地不仅用于教学，还是学校和企业开展科研和创新的平台。双方可以共同研发新菜品、探索新的烹饪工艺和管理模式。例如，学校和企业合作开展关于广西壮族自治区特色食材加工和利用的研究，开发出一系列具有市场潜力的新菜品。

（三）师资互派交流

1. 学校教师挂职锻炼

学校通过定期选派教师到合作企业挂职锻炼，让教师深入企业一线，参与实际的菜品制作和餐饮服务，使教师学习了行业的最新技术和管理方法，了解了市场的需求和趋势。比如，一位烹饪专业的教师在一家高档餐厅挂职期间，学习了分子料理的制作技术和高端餐饮的服务流程，回校后将这些知识融入教学中。

2. 企业人员兼职授课

企业的资深厨师和管理人员被邀请到学校兼职授课，将丰富的实战经验和行业内的最新动态带入课堂。这些来自企业的兼职教师能够通过实际案例和亲身经历，让学生更直观地了解烹饪行业的工作要求和职业发展路径。例如，一位有着多年从业经验的桂菜大师到学校讲授桂菜的历史和文化，并现场展示传统桂菜的制作技巧，得到了大批学生的认可。

3. 定期交流与研讨

为了确保师资互派交流的效果，学校和企业会定期组织交流活动和教学研讨会议，让双方人员分享经验、交流心得，共同探讨教学方法和改进课程内容。比如，每学期学校和企业都会联合举办教学研讨会，针对学生在实习和学习中的问题，共同研究解决方案。

二、取得的成果

（一）人才培养质量提升

1. 技能水平得到提高

通过产教融合，学生能够在真实的工作场景或实训基地中锻炼自己的烹饪技能，熟练掌握各种烹饪方法和技巧。例如，在学校与企业共建的实训基地中，学生经过反复练习，能够熟练制作工艺较复杂的桂菜经典菜品，如荔浦芋扣肉、田螺鸭脚煲等。

2. 职业素养得到增强

产教融合让学生提前接触到企业的工作环境和文化，培养了他们的团队合作精神、沟通能力和责任心。比如，在订单式培养模式下，学生在企业实习期间通过参与大型宴会的菜品供应工作，学会了如何在高压环境下高效协作。

3. 就业竞争力得到提升

具备扎实技能和良好职业素养的学生在就业市场上更具竞争力，能够快速适应工作岗位，得到用人单位的认可。许多毕业生在实习期间就因表现出色被企业提前录用，实现了毕业与就业的无缝对接。

（二）促进地方菜系传承与创新

1. 传统技艺传承

产教融合为桂菜等地方菜系的传统烹饪技艺提供了传承的平台。学校邀请桂菜大师走进课堂，传授传统技艺，加强学生对地方菜系的认知，强化学生对地方菜系相关工作的热爱和尊重。例如，学校与企业通过共同举办桂菜传统技艺传承培训班，让学生系统学习桂菜的刀工、火候、调味等传统技法，开启了传统技术传承之路。

2. 创新发展

在传承的基础上，学生和教师与企业厨师共同探索地方菜系的创新方向，结合现代消费者的口味和需求，开发新的菜品和烹饪方法。比如，将桂菜与其他菜系的元素融合，创造出具有广西壮族自治区特色的创新菜品，如"芒果辣子鸡"等。

3. 文化传播

通过产教融合，学生不仅掌握了烹饪技能，还了解了地方菜系背后的文化内涵。他们在未来的职业生涯中，能够将广西壮族自治区的饮食文化传播到更广泛的地区，提升地方菜系的影响力。

（三）推动地方经济发展

产教融合为广西壮族自治区的餐饮行业培养了大量专业人才，满足了行业发展对人才的需求，促进了餐饮企业的升级和扩张。这些专业人才不仅在本地就业，还为广西壮族自治区吸引了更多的餐饮投资和餐饮项目。

产教融合推动了广西壮族自治区餐饮产业的多元化发展，从传统的餐馆到特色小吃店、农家乐等，丰富了餐饮市场的供给。同时，带动了相关产业如农产品种植、食品加工、旅游等的协同发展。

产教融合强化了广西壮族自治区的餐饮品牌建设，提升了广西壮族自治区的餐饮在全国乃至国际上的知名度和美誉度，吸引了更多的餐饮工作人员及美食爱好者等，也吸引了更多的游客前来品尝广西美食，促进了广西壮族自治区旅游业的发展。

三、面临的挑战

（一）合作深度和广度不足

1. 表面合作现象

部分校企合作仅停留在签订合作协议和学生实习等浅层合作上。企业在人才培养方案的制定、课程体系的构建、教学内容的更新等核心环节参与度有限。例如，有些合作企业只是在学生毕业前提供短暂的实习机会，而没有真正参与教学过程。

2. 合作范围狭窄

产教融合的合作范围往往局限于少数知名企业和部分专业课程，未能涵盖整个产业链和更多的中小企业。这导致学生的知识面和就业选择相对狭窄，无法满足行业的多样化需求。

3. 缺乏长期规划

一些校企合作缺乏长远的战略规划和稳定的合作机制，合作关系容易受到市场波动和企业经营状况的影响，难以持续稳定地发展。

（二）地域发展不平衡

1. 资源分布不均衡

在广西壮族自治区一些经济较发达的城市如南宁、桂林等，餐饮企业众多，资源丰富，与学校合作的机会较多。而在一些偏远地区，如百色、河池等，餐饮企业数量少、规模小，学校难以找到合适的合作对象，产教融合的推进受到限制。

2. 教育水平不均衡分布

广西壮族自治区较发达地区的学校在师资力量、教学设施等方面相对优越，能够更好地开展产教融合项目。而偏远地区的学校由于条件限制，在与企业合作时往往力不从心。

3. 观念差异

广西壮族自治区较发达地区的学校和企业对产教融合的认识和接受程度较高,而在偏远地区,由于信息闭塞和传统观念的束缚,一些学校和企业对产教融合的重视程度不够,积极性不高。

(三) 行业标准与教学标准对接不畅

1. 标准更新滞后

烹饪行业的技术创新和管理模式不断变化,行业标准也随之更新。但学校的教学标准调整相对缓慢,导致学生所学的知识和技能与行业的最新要求存在差距。例如,在食品安全标准方面,行业的要求越来越严格,而学校的教学内容未能及时更新。

2. 标准差异

行业标准侧重于实际操作和市场需求,而教学标准更注重理论体系和知识传授的有效性。两者之间的差异使学生在进入企业时,需要一定时间来适应行业标准。

3. 缺乏沟通机制

学校与行业之间缺乏有效的沟通机制,导致双方在标准制定和更新方面难以协同一致。学校难以及时了解行业标准的变化,行业也无法将最新的要求有效地传达给学校。

(四) 产教融合机制不完善

1. 沟通协调机制缺失

学校和企业在合作过程中,由于缺乏有效的沟通协调机制,容易出现信息不对称、工作衔接不畅等问题。例如,学校在安排学生实习时,可能因为与企业沟通不及时,导致实习岗位与学生专业不匹配。

2. 利益分配不均

在产教融合中,学校和企业的不同利益诉求容易导致利益分配不均。企业更关注经济效益,而学校更注重人才培养质量和社会效益。如果不能找到双方的利益平衡点,合作难以持久。

3. 评价监督机制不健全

缺乏科学合理的评价监督机制,就无法对产教融合的效果进行准确评估和有效监督。这使学校与企业在合作中的问题难以被及时发现和解决，影响合作的质量和可持续性。

四、未来发展趋势

(一) 教学智能化与数字化

1. 智能烹饪设备应用

随着科技的发展，智能烹饪设备如智能烤箱、炒菜机器人等在餐饮行业逐渐普及。未来的产教融合将注重培养学生对这些智能设备的操作和维护技能，以适应行业的智能化发展趋势。例如，学校将引进最新的智能烹饪设备，让学生在实践中熟悉其工作原理和操作方法。

2. 数字化管理教学

数字化管理系统在餐饮企业的采购、库存、销售等环节发挥着重要作用。学生需要学习如何运用这些系统进行数据分析和决策，提高管理效率。比如，一些学校通过模拟软件让学生体验数字化餐厅的运营管理。

3. 在线教学与培训

利用互联网平台开展在线教学和培训，使学生能够随时随地获取最新的烹饪知识和技能。同时，企业员工也可以通过在线课程进行继续教育和能力提升。

(二) 跨区域合作加强

1. 与发达地区交流

广西壮族自治区的学校将加强与广东省、上海市等烹饪产业发达地区的学校的合作，学习先进的教学理念和管理经验，引进优质的教育资源和企业项目，如选派学生到发达地区的餐饮企业实习，邀请发达地区的专家来广西壮族自治区的学校讲学。

2. 拓展国际视野

随着全球化的推进，广西壮族自治区的学校将与国际上的烹饪院校和企业开展合作，引进国际先进的烹饪技术和理念，推动广西壮族自治区的烹饪走向世界。比如，组织学生参加国际烹饪比赛，与国外的烹饪学校进行交流互访。

3. 区域协同发展

广西壮族自治区的学校将加强与周边省份如云南省、贵州省等学校的合作，共同开发特色菜品和旅游餐饮项目，以实现区域内烹饪产业的协同发展。

（三）绿色烹饪理念普及

1. 环保食材的选用

随着人们生活越来越富足，人们对餐饮的要求也越来越高，绿色烹饪也越来越受青睐。因此在教学中强调选用环保、可持续的食材，如本地生产的有机蔬菜、绿色养殖的肉类等，以减少对环境的影响。

2. 节能烹饪方法推广

推广节能、低碳的烹饪方法，如采用太阳能炉灶、电磁炉等清洁能源设备进行烹饪，能减少传统能源的消耗。

3. 减少食品浪费

通过教育和实践，让学生养成合理配菜、适量烹饪的习惯，减少食品在加工和销售过程中的浪费。同时，培养学生对剩余食材的创新利用能力。

（四）文化与烹饪融合加深

1. 民族文化融入

深入挖掘广西壮族自治区各民族的饮食文化元素，如壮族的五色糯米饭、瑶族的油茶等，将其融入烹饪教学和实践中，培养学生对民族菜品及民族文化特色的认知，为学生在未来职业生涯中传承和发展民族饮食文化打下基础。

2. 地域文化创新

结合广西壮族自治区的地域文化，如山水文化、海洋文化等，开发具有地域特色的主题餐厅和菜品，如以桂林山水为灵感设计的菜品摆盘，或者以北部湾海鲜为特色的创意料理。

3. 与文化创意产业结合

加强与文化创意产业的合作，如与影视、动漫、游戏等行业的合作，开发以广西壮族自治区烹饪文化为主题的创意产品，提升广西壮族自治区烹饪文化的影响力和吸引力。

广西壮族自治区烹饪专业产教融合在取得一定成绩的同时，也面临诸多挑战。然而，只要政府、学校、企业等社会各方共同努力，积极应对挑战，不断创新和完善产教融合的模式和机制，就能够推动广西壮族自治区烹饪专业产教融合向更高水平迈进，为培养更多优秀的烹饪人才、传承和创新广西壮族自治区饮食文化、促进地方经济发展发挥更大的作用。

第五节　北海市中等职业技术学校中餐烹饪专业群校企合作现状分析

北海市作为广西壮族自治区的重要海滨城市，拥有丰富的海洋资源和独特的饮食文化。北海市中等职业技术学校的中餐烹饪专业群在培养烹饪人才、传承和创新地方美食方面发挥着重要作用。校企合作作为提升职业教育质量、促进学生就业的重要途径，在该校中餐烹饪专业群的发展中具有关键意义。

一、合作模式

（一）订单式培养

北海市中等职业技术学校与当地知名餐饮企业庖丁专厨、瑶王府等签订合作协议，按照企业的特定需求和岗位标准，为其定向培养中餐烹饪专业人才。企业提前介入人才培养过程，参与课程设置和教学内容的制定。例如，北海市中等职业技术学校与企业合作开设"海鲜烹饪特色班"，相关企业派出厨师长与北海市中等职业技术学校教师共同设计课程，重点传授本地特色海鲜的烹饪技巧。

（二）共建实训基地

北海市中等职业技术学校与企业共同建立实训基地，企业提供场地、设备和部分原材料，北海市中等职业技术学校负责学生的实训安排和管理。学生可在实训基地进行轮岗实习，熟悉餐饮企业的各个岗位和工作流程。目前，北海市中等职业技术学校与餐饮企业合作共建校内外产教融合实训基地二十多个，学生在实训基地内可以进行热菜制作、冷菜拼盘、面点烘焙等岗位的实习。

（三）师资共享

企业选派经验丰富的厨师到北海市中等职业技术学校担任兼职教师，传授烹饪技巧和经验；北海市中等职业技术学校教师定期到企业挂职锻炼，了解行业最新动态和企业需求，或利用假期到企业厨房参与实际菜品研发和生产。

二、取得的成果

（一）学生实践能力提升

通过企业实习和实践教学，学生的烹饪技能得到显著提高，能够熟练制作多种北海特色菜品，如沙蟹汁焖豆角、香煎鱿鱼筒等。

（二）就业质量改善

订单式培养和实训基地的建设，为学生提供了更多的就业机会和职业发展渠道。大部分学生毕业后能够顺利进入合作企业工作，且薪资待遇和职业发展前景良好。

（三）学校专业建设优化

根据企业的反馈和市场需求，北海市中等职业技术学校不断调整和完善中餐烹饪专业群的课程设置、教学方法和实训设备，提升了专业教学质量。

（四）企业人才储备增加

合作企业提前锁定和培养符合自身需求的人才，减少新员工的培训成本和适应期，为企业的发展提供有力的人才支持。

三、存在的问题

（一）合作深度不够

部分合作仅停留在表面，企业在教学过程中的参与度有待提高，如课程开发、教材编写等方面参与较少。

（二）合作稳定性不足

受企业经营状况、市场波动等因素影响，一些合作关系难以长期维系，导致合作项目的持续性和连贯性受到影响。

（三）学生实习管理有待加强

在实习过程中，存在学生实习岗位与专业不对口、实习指导不到位、实习考核不严格等问题，影响了实习效果。

（四）利益分配不均衡

北海市中等职业技术学校和相关企业在合作中，有时会出现利益诉求不一致的情况，如企业希望降低用人成本，而北海市中等职业技术学校更注重学生的培养质量和就业质量。

四、问题产生的原因

（一）缺乏有效的沟通机制

北海市中等职业技术学校和企业之间缺乏常态化的沟通交流平台，导致双方沟通不畅，信息不对称，合作难以达到理想效果。

（二）政策支持力度不足

虽然政府鼓励校企合作，但在具体的政策落实和资金支持方面还存在不足，无法充分调动企业参与校企合作的积极性。

（三）学校自身服务能力有限

北海市中等职业技术学校在为企业提供技术支持、员工培训等方面的能力还有所欠缺，难以满足企业的多样化需求。

（四）企业短视行为

部分企业只关注眼前利益，忽视了人才培养对于企业长期发展的重要性，对校企合作投入的资源和精力不足。

五、改进建议

（一）建立健全沟通协调机制

北海市中等职业技术学校定期召开校企合作座谈会、研讨会，加强双方的沟通与交流，及时解决合作中出现的问题。

（二）加大政策支持和资金投入

政府应出台更具针对性的优惠政策，如税收减免、财政补贴等，同时设立专项基金，支持校企合作项目的开展。

（三）提升学校服务企业的能力

北海市中等职业技术学校应加强教师队伍建设，提高教师的实践能力和技术水平，为企业提供更多的技术服务和员工培训。

（四）引导企业树立长远发展观念

通过宣传和培训，让企业认识到人才培养对于企业可持续发展的重要性，增强企业参与校企合作的责任感和使命感。

北海市中等职业技术学校中餐烹饪专业群的校企合作取得了一定成果，但仍存在一些问题和不足。通过深入分析问题产生的原因，并提出相应的改进建议，有望进一步提升校企合作的质量和水平，为培养更多优秀的中餐烹饪人才、推动北海市餐饮行业的发展做出更大贡献。

第二章 "研、推、赛"创新型烹饪技能人才培养模式的构建

第一节 "研、推、赛"的内涵及实践模型

随着生活日益富足，消费者对于美食的追求不再局限于满足味蕾，而是更注重菜品所带来的新奇体验、文化内涵和健康价值。这一消费趋势的转变，对烹饪技能人才的创新能力提出了前所未有的高要求。传统的以模仿和传承为主的烹饪技能培养模式，在面对日益多样化和个性化的市场需求时，已显露出其局限性。因此，构建一种能够激发学生创新思维、提升实践能力、适应市场变化的新型培养模式，成为烹饪教育改革的当务之急。"研、推、赛"这一创新型培养模式应运而生，其为培养适应时代需求的高素质烹饪人才开辟了一条新的途径。

一、菜品研发

（一）培养创新思维

1. 启发式教学

北海市中等职业技术学校摒弃传统的填鸭式教学，采用启发式教学引导学生思考。例如，在课堂上展示一系列经典菜品后，提出引导性问题，如"要对这道菜进行创新，应从哪些方面入手？"以激发学生从食材组合、烹饪方法、造型设计等多个角度展开想象。

2. 创意激发活动

组织创意激发活动，如组织创意头脑风暴会议，将学生分成小组，针对

给定的主题，如"以水果为主料设计一道主菜"，进行无限制的创意讨论，鼓励学生大胆提出各种想法。

3. 突破传统限制

引导学生打破传统烹饪的固有框架和规则。比如，鼓励他们尝试将中餐的烹饪技巧应用于西餐食材，或者将现代分子料理技术与传统地方小吃相结合，创造出别致的口味和口感。

（二）跨学科知识融合

1. 融入营养学知识

北海市中等职业技术学校开设专门的营养学课程，让学生了解不同食材的营养价值和搭配原则。在菜品研发过程中，要求学生根据营养均衡的原则选择食材和确定烹饪方法，例如，为了减少油脂摄入，可使用空气炸锅或低温烘烤设备来制作油炸类菜品。

2. 食品科学的应用

北海市中等职业技术学校教授学生食品科学的基本原理，如食物的化学变化、物理变化对口感和风味的影响。例如，可在研发甜点时，教授学生利用美拉德反应来提升色泽和香味，或者通过控制淀粉的糊化程度来改善甜点的质地。

3. 美学元素渗透

北海市中等职业技术学校引入美学课程，包括色彩搭配、造型设计、摆盘艺术等方面的知识，引导学生在研发菜品时考虑菜品的色彩谐调、形状搭配以及整体的视觉效果。比如，鼓励学生将一道普通的炒青菜通过精心的摆盘，设计成一幅"田园风光"画。

（三）市场调研与需求分析

1. 消费者偏好研究

北海市中等职业技术学校组织学生开展市场调研活动，如通过问卷调查、访谈、观察等方法收集消费者对菜品的偏好信息。只有在了解不同年龄段、性别、职业的消费者对于辣味、甜味、咸味等的喜好程度，以及他们对于菜品分量、价格的接受范围等的基础上，才能有根据地创新菜品。

2. 餐饮趋势跟踪

北海市中等职业技术学校要求学生关注国内外的餐饮行业动态,包括流行的食材、烹饪风格、餐厅概念等。比如,通过订阅专业的餐饮杂志、关注知名厨师的社交媒体账号、参加国际美食展会等方式,及时掌握最新的餐饮趋势。

3. 场景化需求分析

北海市中等职业技术学校引导学生分析不同餐饮场景下的消费者需求。例如,为家庭聚餐研发的菜品要注重营养均衡、口味大众化、分量适中;而商务宴请的菜品则要彰显精致、高雅、独特。

二、菜品推新

(一)营销策略制定

1. 品牌定位

北海市中等职业技术学校教授学生如何进行新菜品的品牌定位,包括如何确定目标客户群体、品牌形象和核心价值。比如,对于一款新研发的健康素食菜品,其定位可以是面向都市白领的高端养生美食,品牌形象强调绿色、天然、精致。

2. 包装设计创意

北海市中等职业技术学校教导学生运用创意设计理念,为新菜品进行包装设计,包括菜品的名称、菜单描述、菜品图片、餐具选择等方面。其包装设计应能够吸引消费者的注意力并传达菜品的特色。例如,对于一款名为"星空甜品"的新菜品,其设计可以涉及星空图案的餐盘和富有诗意的菜单描述。

3. 价格策略制定

北海市中等职业技术学校根据菜品的成本、市场需求、竞争对手价格等因素,指导学生制定合理的价格。例如,对于一款基于高品质食材且具有独特创意的新菜品,可以采用撇脂定价策略,在推出初期便制定较高的价格,以体现其独特价值;而对于一款面向大众市场的新菜品,则可以采用渗透定价策略,以低价吸引更多的消费者尝试。

4. 推广渠道选择

北海市中等职业技术学校让学生了解并选择合适的推广渠道,包括线上渠道(如社交媒体、美食博客、在线订餐平台)和线下渠道(如美食节、餐厅促销活动、与其他企业合作推广)。比如，利用抖音平台发布新菜品制作过程的视频，吸引年轻消费者的关注；或者与当地的健身房合作，推广健康营养的新菜品。

(二) 客户反馈收集

1. 多渠道反馈收集

北海市中等职业技术学校建立多样化的客户反馈收集渠道，如在线评论、电子邮件、电话回访、现场问卷调查等。例如，在餐厅内设置专门的意见收集箱，鼓励消费者留下对新菜品的评价和建议；还可以利用微信公众号的留言功能收集线上消费者的反馈意见。

2. 反馈数据分析

北海市中等职业技术学校对收集到的客户反馈数据运用统计分析方法和文本挖掘技术进行系统分析，以提取出有价值的信息。比如，通过分析顾客对新菜品口味的评价，发现大部分顾客认为菜品偏咸，从而可以确定需要调整盐的用量。

3. 及时响应与改进

北海市中等职业技术学校根据客户反馈的结果，及时对新菜品进行调整和改进，并将改进后的情况反馈给客户。例如，如果顾客反映新菜品的分量不足，餐厅可以适当增加分量，并在菜单上明确标注新的分量规格。

(三) 市场适应性调整

1. 竞争对手分析

北海市中等职业技术学校定期组织学生对竞争对手推出的新菜品进行分析，包括菜品的特色、价格、营销方式等方面。例如，对比周边餐厅推出的类似菜品，找出自身菜品的优势和不足，以便及时调整营销策略。

2. 市场变化监测

北海市中等职业技术学校关注宏观市场环境的变化，如经济形势、消费趋势、政策法规等对餐饮行业的影响。比如，在经济衰退时期，消费者可能更倾向于选择价格实惠的菜品，此时需要对新菜品的价格和定位进行调整。

3. 灵活调整策略

北海市中等职业技术学校根据竞争对手和市场环境的变化，灵活调整新菜品的推广策略、价格策略、产品特色等。例如,如果竞争对手推出了一款与自己类似但价格更低的菜品,可以通过增加菜品的附加值(如赠送小吃、提供免费饮品)来提高竞争力。

三、菜品赛鉴

(一)竞赛平台搭建

1. 组织校内竞赛

北海市中等职业技术学校定期举办校内烹饪创新大赛,设立不同的主题和奖项,鼓励学生积极参与。例如,每月举办一次"创意小吃"比赛,每学期举办一次"主题宴会菜品设计"比赛。

2. 参与校外竞赛

北海市中等职业技术学校积极组织学生参加校外的各类烹饪竞赛,包括区域级、省级、国家级甚至国际级的比赛。比如,推荐优秀学生参加"自治区职业院校烹饪技能大赛""全国职业院校烹饪技能大赛"等知名赛事。

3. 开展合作竞赛

北海市中等职业技术学校与其他学校、餐饮企业、行业协会等合作开展竞赛活动,拓宽学生的视野和交流渠道。例如,与当地的烹饪学校联合举办"校际烹饪对抗赛",或者与知名餐饮企业合作举办"新品研发竞赛"。

(二)专家评审与指导

1. 组建专家评审团队

北海市中等职业技术学校邀请业内知名的厨师、烹饪教育专家、美食评论家等组成专家评审团队,确保评审的专业性和权威性。例如,邀请米其林星级厨师、中国烹饪大师、营养学专家等参与评审。

2. 制定评审标准

北海市中等职业技术学校制定科学、全面、客观的评审标准,包括菜品的创意、口感、外观、营养、制作工艺等多个方面。比如,创意方面占30%的权重,口感方面占40%的权重,外观和营养各占15%的权重,制作工艺占10%的权重。

3. 现场评审与指导

北海市中等职业技术学校在竞赛现场，由专家评审团队成员对学生的作品进行现场品尝、观察和评价，并给予即时的指导和建议。例如，若专家指出学生菜品在创意上有独特之处，但在口感的平衡上还有待改进，则可请其现场演示如何调整调料的比例来取得更好的口感。

4. 赛后跟踪指导

竞赛结束后，由专家评审团队成员对学生的表现进行总结和反馈，并提供长期的跟踪指导和支持。比如，通过电子邮件、电话或面对面交流的方式，解答学生在后续实践中遇到的问题。

（三）以赛促学

1. 激发创新热情

北海市中等职业技术学校通过竞赛激烈的竞争氛围和奖励机制，激发学生的创新热情。例如，通过设立高额的奖金，提供荣誉证书及实习机会等，激励学生全力以赴地投入菜品创新中。

2. 提升实践能力

在竞赛准备过程中，学生需要亲自动手实践，不断尝试以改进菜品，从而能够切实提高他们的实际操作能力和解决问题能力。比如，学生为了在竞赛中展现出完美的菜品，需要反复练习烹饪技巧、掌握食材特性、优化菜品呈现方式。

3. 培养竞争意识

北海市中等职业技术学校让学生在竞赛中与其他选手竞争，培养他们的竞争意识和应对压力的能力。例如，在比赛现场，面对严格的时间限制和专家评审团队的挑剔眼光，有利于学生学会在压力下保持冷静，发挥出自己的最佳水平。

4. 促进交流与学习

竞赛为学生提供了一个与同行交流和学习的机会，让他们能够了解其他选手的创新思路和技巧，拓宽自己的视野。比如，在竞赛后的交流环节，学生可以分享经验、交流心得，以便发现自己的不足之处并学习他人的优点。

四、"研、推、赛"之间的关系

(一)相互促进

1. 菜品研发是源头

菜品研发为菜品推新提供了丰富的产品选择和创新思路,而没有扎实的研发工作,就无法推出具有吸引力和竞争力的新菜品。例如,如果没有对食材和烹饪方法的深入研究和创新尝试,就难以开发出符合市场需求的特色菜品。

2. 菜品推新是检验

菜品推新是对研发成果的检验和应用。通过将研发的新菜品推向市场,能够了解消费者的接受程度,从而为进一步的研发工作提供方向和依据。比如,一款新研发的菜品在推向市场后,如果受到消费者的热烈欢迎,那么可以在此基础上深入研发相关系列菜品;如果市场反应不佳,则需要分析原因,对研发方向进行调整。

3. 菜品赛鉴是提升

菜品赛鉴为菜品研发和菜品推新提供了专业的评价和指导,是提升菜品质量和创新水平的重要途径。在竞赛中,学生能够接触到行业内的最新标准和前沿理念,能够通过与专家和其他选手的交流,不断完善自己的菜品。例如,学生在参加竞赛时,专家的点评可能会让他们发现之前未曾注意到的问题,从而促使他们在后续的研发和推新中加以改进。

(二)循环提升

1. 反馈与改进

通过菜品推新收集到的市场反馈信息和在菜品赛鉴中获得的专业评价,能够及时发现研发过程中存在的问题和不足,为下一轮的研发提供改进的方向和重点。例如,如果市场反馈某款新菜品口味过于独特,难以被大众接受,那么在后续的研发中就需要注重口味的平衡,向大众化调整。

2. 经验积累

每一轮的"研、推、赛"过程都是一次宝贵的经验积累。学生在不断的实践中,逐渐掌握菜品创新的规律和技巧,提高自己的创新能力和市场适应能力。比如，经过多次的尝试和失败，学生能够更加熟练地运用食材、掌握烹饪火候、设计菜品造型，从而在未来的创新中更加得心应手。

3. 创新升级

随着"研、推、赛"的不断循环，学生的创新思维和能力不断提升，能够从最初的简单模仿和改进，到能够独立创造出引领市场潮流的全新菜品，实现从量变到质变的创新升级，进而推动整个烹饪行业的创新发展。

五、"研、推、赛"创新型烹饪技能人才培养模式

"研、推、赛"创新型烹饪技能人才培养模式主要以菜品研发带动专业技能及创新能力培养，以菜品推新带动创新传承，以菜品赛鉴激发创新积极性。首先，菜品研发团队在民族特色菜品挖掘与研发过程中，立足市场需求，依托调研结果，遵循菜品创新原则，逐步完成菜品研发。在此过程中，北海市中等职业技术学校师生的专业技能及创新能力得到了全面提升，共挖掘、开发出 53 道疍家特色菜品，24 道地方特色小吃，推动了民族特色餐饮文化的推广与传承。

其次，将创新菜品通过合作企业及大赛宣传推向消费市场接受市场评价，实现菜品推新。同时，以点餐率来评价创新菜品的创新度，以回点率评价菜品的受欢迎程度。经市场检验，此次菜品研发成效良好，实现了校企合作双赢的良好局面。

最后，以菜品赛鉴检验育人成效。师生团队参加各类大赛，以大赛成绩检验创新研发成效，制定激励政策，鼓励创新。此次学生参赛硕果累累，专业技能和创新能力明显提升。

"研、推、赛"创新型烹饪技能人才培养模式如图 1 所示。

六、实施保障

（一）师资队伍建设

1. 专业教师引进

北海市中等职业技术学校加大对具有丰富实践经验和创新能力的烹饪专业教师的引进力度。例如，从知名餐厅聘请资深厨师担任专职教师，或者从高校引进具有烹饪相关研究背景的博士、硕士充实教师队伍。

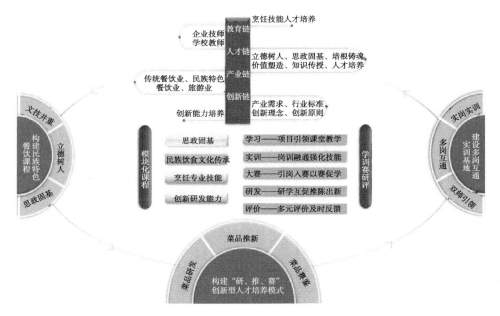

图1 "研、推、赛"创新型烹饪技能人才培养模式

2. 教师培训提升

北海市中等职业技术学校定期组织教师参加各类培训课程、研讨会、学术交流活动，提升教师的专业素养和教学水平。比如，安排教师参加国际烹饪大师的培训班，学习最新的烹饪技术和教学方法；或者派教师到企业挂职锻炼，了解行业动态和市场需求。

3. 激励机制建立

北海市中等职业技术学校设立教师创新奖励制度，对在教学方法创新、菜品研发等方面取得突出成绩的教师给予表彰和奖励。例如，对于成功指导学生在重要烹饪竞赛中获奖的教师，给予一定的物质奖励并优先考虑职称晋升。

（二）实训基地完善

1. 购置先进设备

北海市中等职业技术学校投入资金购置先进的烹饪设备和工具，如智能烤箱、分子料理设备、真空低温烹饪机等，为学生提供与行业同步的实践条件。例如，引进3D食品打印机，让学生能够尝试制作具有复杂形状和结构的创新菜品。

2. 建设模拟厨房

按照真实餐厅厨房的标准和布局，建设模拟厨房，让学生在接近实际工作环境的条件下进行实践操作。比如，模拟厨房设置不同的工作区域，如热菜区、凉菜区、面点区、烘焙区等，让学生熟悉厨房的工作流程。

3. 更新实训资源

定期更新实训基地的食材、调料、餐具等资源，确保学生能够接触到最新的食材和用品。例如，及时采购当季的特色食材和流行的调味料，让学生能够将其应用于菜品研发。

（三）校企合作深化

1. 建立合作机制

建立长期稳定的校企合作机制，明确双方的权利和义务，制订合作的目标和计划，是校企合作深化的关键。比如，签订校企合作协议，要求学校为企业培养人才，企业为学校提供实习岗位、实践指导和市场信息。

2. 提供实践机会

企业为学生提供更多的实习和实践机会，让学生能够在真实的工作环境中锻炼自己的技能和创新能力。例如，安排学生到企业的研发部门参与新菜品的研发工作，或者到餐厅厨房的一线岗位进行轮岗实习。

3. 开展共同研发项目

校企双方共同开展菜品研发项目，可以充分发挥学校的理论研究优势和企业的市场经验，实现互利共赢。比如，学校和企业合作研发针对特定消费群体（如老年人、儿童、素食者）的特色菜品，并共同将之推向市场。

"研、推、赛"创新型烹饪技能人才培养模式的构建，是对传统烹饪教育模式的一次重大突破和创新。其能够激发学生的创新思维、提升学生的实践能力、强化学生的市场意识，为培养适应现代社会需求的创新型烹饪人才提供了全面、系统且行之有效的方法。然而，这一模式的成功实施并非一蹴而就，需要学校、企业等各方的共同努力和持续探索。在未来的发展中，我们应不断完善这一模式，为烹饪行业输送更多具有创新精神和实践能力的优秀人才，推动烹饪事业的蓬勃发展，满足人们日益增长的需求。

第二节　构建"研、推、赛"人才培养体系

在消费需求日益多元化和个性化的大背景下，中餐市场正经历着前所未有的发展。消费者对中餐的期待，已不再局限于传统意义上的美味可口，而是更加追求菜品的创新元素、独特个性以及与健康理念的完美融合。这种市场需求的根本性转变，对中餐烹饪专业人才的综合素质和专业能力提出了更高的标准和要求。传统的以单纯传授基础烹饪技巧和经典菜品制作为核心的教学模式，显然已无法满足市场对于能够敏锐洞察市场动态、引领创新潮流的高素质烹饪专业人才的迫切需求。因此，精心构建一个以菜品研发、菜品推新、菜品赛鉴为核心支柱的全新人才培养体系，不仅是中餐烹饪教育领域的一次意义深远的重大革新，更是精准对接市场需求、强力推动中餐行业蓬勃发展的必然战略抉择。

一、菜品研发人才培养

（一）培养目标

菜品研发人才培养的目标是将学生培育成具备独立思考和深度创新能力的菜品研发专业人才。这样的人才不仅能够敏锐且精准地捕捉市场瞬息万变的细微动态和消费者潜在且多元的需求走向，还能够巧妙且灵活地运用各类食材的特性、丰富多样的烹饪技巧以及无限的创意灵感，成功开发出既独具魅力又高度契合市场趋势和消费者期待的全新中餐菜品。

（二）培养内容

1. 食材知识

（1）各类食材的内在本质特征包括其物理化学属性、口感风味特质、营养成分构成和适宜的烹饪方式。例如，只有细致地区分不同品种和产地的大米在吸水性、黏性以及香气散发等方面所呈现出的差异，才能精准无误地挑选出适配于特定炒饭或粥品制作的理想大米品种。

（2）食材的产地和季节交替对其品质优劣和风味浓淡的深远影响。例如，只有清晰地认识到春笋和冬笋在口感的鲜嫩程度和营养成分含量等方面因季

节的更迭而产生的显著不同，才能在恰当的季节精准选用品质上乘的食材。

（3）时刻保持对新兴食材和进口食材的高度关注，全面了解它们的特性和广泛应用前景。例如，深度学习如何将进口的牛油果、三文鱼等食材巧妙且自然地融入传统中餐菜品的制作过程，从而创造出令人耳目一新的独特风味组合。

2. 烹饪技法

（1）使学生对源远流长的传统中式烹饪技法进行全面、系统且深入的学习与掌握，包括但不限于对火候的精确把控、油温的精准调节、调味的恰当处理以及时机的精准掌握等一系列关键要素。比如，在烹制经典的宫保鸡丁时，学生应清晰地知晓鸡肉和花生米分别在何时下锅、何时猛火快炒、何时巧妙调汁，以确保鸡肉的鲜嫩爽滑和花生米的香脆可口达到完美平衡。

（2）鼓励学生勇于挑战传统，积极对传统技法进行大胆创新和有机融合，深度探索不同技法之间相互协同、相互补充的精妙之处。例如，鼓励学生创造性地将蒸制菜品的鲜嫩特点与烤制菜品的香脆特点相结合，开发出外皮酥脆诱人、内部鲜嫩多汁的创新菜品，为消费者带来前所未有的味觉享受。

（3）鼓励学生以开放的心态和广阔的视野，广泛借鉴其他菜系的优点甚至国际烹饪方法的精华之处，巧妙地为传统中餐注入新的活力。比如，引入法式焗烤的精湛技术来制作中式的焗排骨，或者运用日式刺身的理念来创作生拌蔬菜沙拉，实现跨地域、跨文化的烹饪技法融合与创新。

3. 口味调配

（1）引导学生系统且深入地研究不同地域中餐口味的特色、历史渊源和文化内涵，比如川菜麻辣风味背后那精妙绝伦的香料组合运用、粤菜鲜甜口味所依托的醇厚高汤的熬制技巧等。

（2）鼓励学生根据当代消费者日趋多元化和个性化的口味偏好，以及对健康饮食日益增长的强烈需求，大胆创新。例如，为了充分满足消费者对低盐、低糖、低脂肪的健康追求，研发出在完整保留菜品原有独特风味的基础上，成功实现盐分和糖分显著减少的科学调配方法。

（3）鼓励学生积极探索不同口味之间充满想象力的碰撞与深度融合，创造性地开发出令人惊喜不已、拍案叫绝的全新口味组合。比如，将川渝地区那热辣奔放的麻辣口味与江南地区那温婉细腻的甜香风味进行大胆融合与创新，开发出独具特色的麻辣甜香口味菜品，为消费者带来全新的味觉体验。

4. 营养搭配

（1）扎实掌握食物中各类营养成分的作用、相互关系以及人体对它们的吸收和代谢机制，例如掌握蛋白质、碳水化合物、脂肪、维生素、矿物质等营养元素在维持人体健康和正常生理功能方面所发挥的不可或缺的关键作用。

（2）学会根据不同人群在年龄、性别、身体状况、生活方式以及特殊生理需求等方面所呈现出的显著差异，如儿童快速成长阶段的营养需求、老年人养生保健的特殊需求、运动员高强度训练后的能量补充需求等，科学合理且精准有效地设计出满足相应人群特殊需求的菜品。

（3）在全力确保菜品美味诱人的同时，要始终高度重视食材在烹饪过程中可能出现的营养流失问题，通过科学合理的烹饪方法选择和食材巧妙搭配，最大程度地保留食材中的营养成分。例如，选择清蒸这一温和的烹饪方式来处理鱼类食材，从而保留更多的不饱和脂肪酸和优质蛋白等营养成分，为消费者提供既美味可口又营养丰富的健康菜品。

（三）培养方法

1. 理论教学

（1）北海市中等职业技术学校精心设置一系列专业课程，如"食材特性与应用原理""烹饪化学奥秘探索""营养学基础与实践应用"等，由学识渊博且经验丰富的资深教师进行深入浅出、生动有趣的系统授课，灵活运用多媒体展示、案例分析、课堂讨论等教学方式，确保学生能够扎实且深入地掌握相关的理论知识。

（2）定期邀请行业内的权威专家、知名学者和资深大厨举办高水准的专业讲座，分享他们在最新的食材研究前沿成果、烹饪技术创新突破以及营养搭配理念革新等领域的宝贵经验和深刻见解，进一步拓宽学生的视野和思维边界，激发学生的创新灵感和探索精神。

2. 实践操作

（1）配备世界领先水平的实验厨房设施，为学生精心打造充足且适宜的实践操作空间。学生在这个先进的实验厨房中，可以自由发挥、大胆尝试，将不同的食材奇妙组合或创新烹饪方法，同时要认真细致地记录实验过程中的每一个关键环节和最终成果。

（2）设立专门的实践课程，如"创新菜品开发实战演练""口味调配实验探索与创新"等，由经验丰富的专业教师手把手指导，鼓励学生亲自动手操作，及时发现并纠正学生在实践过程中可能出现的错误和不足之处，培养学生良好的烹饪习惯和勇于创新的实践精神。

3. 案例分析

广泛收集国内外知名餐厅、厨师的成功菜品研发案例，包括相关创意灵感的来源、研发过程中的艰辛探索、菜品推向市场后的反响等详细信息。组织学生进行深入透彻、全面系统的讨论和细致入微的分析，引导学生从这些研发案例中汲取宝贵的经验，深度学习创新的方法和路径。还可以组织学生收集并认真总结失败案例的经验教训，避免在未来的研发过程中重蹈覆辙。

4. 团队项目

将学生合理地分成若干个小组，为每个小组精心安排一个具有挑战性的菜品研发项目，使之协作完成从前期的深入市场调研、充满创意的构思策划、严谨的实验制作过程，到最终令人期待的成果展示和全面客观的评价反馈等一系列环节。通过团队项目，有利于培养学生的团队协作能力、沟通技巧和领导才能，同时有利于促进学生之间的思想碰撞，使之共同攻克研发过程中所遇到的各种难题和挑战。

二、菜品推新人才培养

（一）培养目标

菜品推新人才培养的目标是将学生培育成能够精准把握市场动态、巧妙制定高效营销策略、成功且顺畅地将新菜品推向竞争激烈的市场，并赢得广泛认可和高度赞誉的专业人才。这样的人才能够熟练运用各式各样的推广手段和渠道，与消费者建立起友好、持久的互动关系，能够根据瞬息万变的市场，迅速且灵活地调整推广策略和方案，确保新菜品在硝烟弥漫的市场竞争中占有一席之地。

（二）培养内容

1. 市场营销知识

（1）系统全面地讲授市场调研的方法和技巧，包括精心设计具有针对性的问卷、合理选择具有代表性的样本、高效收集和精准分析数据等，使学生能够准确无误地了解消费者的真实需求、偏好倾向以及购买行为背后的深层次动机。

（2）使学生熟练掌握品牌定位的策略、品牌形象的塑造以及品牌传播的途径和方法，让新菜品能够在竞争激烈的市场上树立起令人难忘的品牌形象。

（3）引导学生深入钻研消费者行为心理学的核心理论和前沿成果，清晰了解消费者的决策过程所涉及的复杂因素、购买动机的形成机制以及消费习惯的养成规律，从而使学生能够比较准确地预测市场需求走向和巧妙引导消费潮流趋势。

2. 菜品包装与展示

（1）讲授菜品的命名艺术和技巧，使菜品名不仅能够准确清晰地传达菜品的核心特点和显著优势，还能激发消费者内心深处的强烈好奇心和旺盛食欲。例如，一道普通的红烧肉可以别出心裁地命名为"鸿运当头"，为其增添美好的寓意和强烈的吸引力。

（2）使学生熟练掌握菜品包装设计的基本原则和方法，包括色彩搭配、图案选择、材质运用等，使菜品的包装能够有效地传达出菜品的品质和特色，能够在视觉上吸引消费者的关注。

（3）使学生学会运用灯光效果、道具、特色背景等元素进行菜品展示，营造出引人入胜、充满魅力的用餐氛围，全方位提升消费者的用餐体验和满意度。

3. 客户沟通技巧

（1）精心培养学生良好且高效的口头表达能力和书面沟通能力，使他们能够清晰明了、准确无误地向消费者介绍新菜品的显著优势和不可替代的价值。

（2）用心教导学生如何倾听客户的真实需求和宝贵意见，通过积极主动的反馈和及时有效的回应，成功与消费者建立良好的关系。

（3）严格训练学生处理客户投诉和提出建设性建议的能力，使之能够迅速、果断、有效地解决问题，将消费者的不满情绪转化为满意，甚至培养消费者对品牌的忠诚度和依赖度。

4. 成本控制与定价策略

（1）让学生深入了解菜品成本的构成要素，包括食材采购的成本、劳动力成本、设备折旧费用、水电费等，并熟练掌握成本核算的科学方法和实用技巧。

（2）让学生全面学习定价策略，如基于成本的加成定价法、以竞争为导向的定价法、以价值感知为基础的定价法等，使之能够根据瞬息万变的市场需求、成本的动态变化以及激烈的竞争态势，制定出合理、具有竞争力的菜品价格。

（3）用心教导学生分析价格弹性，使之根据市场的反应和详尽的销售数据，及时、灵活地调整菜品价格，以实现企业利润的最大化和可持续增长。

5. 数据分析

（1）系统教授学生运用先进的数据分析工具和软件，如 Excel 高级功能、SPSS 数据分析软件等，对市场调研数据、销售数据、客户反馈数据等进行全面、准确的收集、整理和深入分析。

（2）通过科学严谨的数据分析，引导学生发现市场趋势的微妙变化、消费者需求的潜在转变以及新菜品推广过程中所存在的问题和潜在机会，为制定精准有效的营销策略提供坚实的依据和数据支持。

（三）培养方法

1. 课程学习

（1）精心开设一系列专业课程，如"市场营销学原理与实践""餐饮品牌管理策略与创新""客户关系管理艺术与技巧"等，由具有丰富营销实战经验的专业教师进行深入浅出、生动有趣的讲授，通过理论知识的系统讲解、实际案例的深入分析、课堂教学的热烈讨论等方式，确保学生能够扎实掌握市场营销的核心理论和实用方法。

（2）定期邀请餐饮企业的营销精英、品牌顾问等专业人士亲临校园举办讲座，分享他们在实际工作中积累的宝贵经验，让学生及时了解行业的前沿信息。

2. 企业实习

（1）与知名餐饮企业建立长期稳定、互利共赢的合作关系，安排学生到企业的市场推广部门进行为期数月的实习，让学生参与新菜品的推广策划及其实际执行过程。

（2）在实习期间，为学生配备经验丰富的企业导师。在企业导师的悉心指导下，学生将有机会完成一系列具有挑战性的实际工作任务，如组织实施市场调研、策划营销方案、与客户沟通等。通过这些实际工作，学生可以积累实践经验，提升实际工作能力和问题解决能力。

3. 模拟演练

（1）在课堂教学中模拟市场推广的真实场景，让学生分成小组进行角色扮演等，可以充分锻炼学生的营销策划能力和执行能力。

（2）教师对学生的模拟演练表现进行全面、深入的点评和专业指导，准确指出存在的问题和不足之处，可以帮助学生改进和完善推广方案，提升方案的可行性和有效性。

三、菜品赛鉴人才培养

（一）培养目标

菜品赛鉴人才培养的目标主要是将学生培养成具备较强烹饪技能、稳定沉着的比赛心态、灵活的反应能力、出色的作品呈现能力和沟通能力的参赛选手。这样的人才能够在各类高规格、高水平的烹饪比赛中充分展现自己的雄厚实力和独特创意，善于从比赛的过程和结果中汲取经验，不断提升自身的烹饪水平和创新能力，为个人和学校赢得荣誉。

（二）培养内容

1. 竞赛规则与标准

（1）深入细致地解读国内外各类具有重要影响力的烹饪比赛的详细规则和精确评分标准，包括对菜品的创意构思、口感风味、外观造型、制作工艺、卫生安全等多个方面的严格要求和细致规定。

（2）全面分析不同比赛评委的评价偏好和侧重点，让学生深入了解评委的期望和要求，从而能够有针对性地精心准备比赛作品。

2. 比赛心态与应对策略

（1）通过专业的心理辅导和系统的训练，帮助学生克服比赛过程中可能出现的紧张情绪和心理压力，培养他们在高度紧张的比赛环境下保持冷静、自信和高度专注的能力。

（2）用心教导学生如何制定科学合理、切实可行的比赛策略，包括菜品选择、时间管理、突发情况的灵活应对等，确保学生在比赛中能够充分发挥自己的真实水平，取得优异成绩。

3. 作品呈现与解说

（1）严格训练学生将菜品以独具匠心的摆盘设计、和谐美观的色彩搭配、恰到好处的装饰点缀等方式呈现出来，使菜品在视觉上给评委和观众留下深刻印象。

（2）精心培养学生清晰流畅、准确生动、富有感染力地解说菜品的创意、制作过程和文化内涵，显著增强菜品的吸引力、感染力和说服力，提升菜品的整体竞争力。

4. 赛后总结与反思

（1）积极引导学生在比赛结束后，对自己在比赛中的表现进行全面、客观、深入的总结和评价，认真分析成功之处和不足之处，为今后的比赛积累经验。

（2）组织学生交流比赛的心得体会和经验，共同学习、共同进步、共同成长，同时鼓励学生从其他选手的优秀作品中汲取灵感，不断完善自己的烹饪技艺。

（三）培养方法

1. 竞赛培训

（1）诚挚邀请专业的烹饪竞赛教练或经验丰富、成绩斐然的参赛选手为学生进行系统全面、深入细致的竞赛培训，包括规则解读、技巧训练、心理辅导等多个方面，为学生参赛提供全方位的支持和指导。

（2）用心组织学生观看历届烹饪比赛的精彩视频资料，深入分析优秀选手的比赛策略和菜品特点，让学生从中学习和借鉴成功经验，不断提升自己的竞赛水平。

2. 实战演练

（1）定期举办校内烹饪比赛，严格按照正规比赛的流程和标准进行精心组织和策划，为学生提供实战锻炼的机会，让学生在实战中积累比赛经验，提高应对各种挑战的能力。

（2）积极鼓励学生参加校外的各类小型烹饪比赛，如社区组织的友谊赛、行业协会主办的专业比赛等，以赛代练、以赛促学，逐步提升学生的比赛水平和心理素质。

3. 观摩学习

（1）精心组织学生到大型烹饪比赛现场进行实地观摩，让学生近距离感受紧张激烈的比赛氛围，直观学习优秀选手的精湛烹饪技巧、独具匠心的作品展示和精彩生动的解说。

（2）积极创造机会让学生与参赛选手进行面对面的交流互动，使学生深入了解他们的备赛思路、创作灵感和比赛心得，进一步拓宽学生的视野和思维，激发学生的创新激情和竞争意识。

4. 经验分享

（1）热情邀请在各类烹饪比赛中获奖的选手回到学校，与学弟学妹分享自己的参赛经验和成功心得，包括如何准备比赛、如何应对突发状况、如何调整比赛心态等方面的实用技巧和方法。

（2）搭建在线交流平台，方便学生随时与获奖选手进行交流，及时获取他们的指导和建议，形成良好的学习传承氛围，促进全体学生共同进步。

四、三个环节的相互关系与协同作用

（一）菜品研发是基础

1. 创新之源

菜品研发如同永不干涸的源泉，为整个"研、推、赛"人才培养体系持续不断地注入新的活力。学生通过深入钻研食材特性、烹饪技法以及口味调配方法，大胆挖掘和勇敢尝试各种新颖的组合与可能性，可以创造出令人眼前一亮的全新菜品。在研发过程中，学生可能会将传统的中式炖煮技法与现代的分子料理技术相结合，创造出一道口感独特、形态新颖的创意汤品，为后续的推新和赛鉴环节奠定坚实的基础。

2. 品质基石

研发环节所确立的菜品质量，直接决定了菜品在市场推广和比赛竞技中的核心竞争力。只有在研发时，确保菜品在口感层次丰富、营养均衡搭配、外观精致美观等多个方面达到卓越水准，才有机会在激烈的市场角逐和高手如云的竞赛中崭露头角。比如，一款在研发阶段就注重融合地域特色食材、调制独特口味并设计富有文化内涵造型的创新菜品，在推向市场时更容易引发消费者的兴趣，参加比赛时也更能赢得评委的赞赏。

（二）菜品推新是实践检验

1. 获得市场反馈的关键通道

菜品推新是将研发成果置于真实市场环境中接受严格检验的重要环节。通过一系列市场推广活动，广泛收集消费者的反馈意见和建议，能够清晰而准确地把握菜品在市场中的接受程度以及存在的潜在问题。一款新推出的融合菜品，可能会收到消费者关于口味适应性、食材本地化等方面的反馈，这些信息为进一步优化研发方向提供了极具针对性的指导。

2. 优化调整的依据

依据市场反馈信息，对研发的菜品进行及时且有针对性的优化和调整，可以使其更加贴合消费者的实际需求。这种基于实践经验的改进，能够持续提升菜品的品质和市场适应性。例如，针对消费者提出的菜品辣味过重、分量过大等问题，在后续的推新过程中可以适当降低辣度、调整分量，或者推出不同辣度和分量的选择，以更好地满足消费者的多样化需求。

3. 营销经验的积累

推新过程中积累的丰富营销经验和与客户高效沟通的技巧，对于在比赛中精彩展示和有效宣传菜品具有不可忽视的借鉴意义。在推新活动中掌握的如何运用社交媒体制造话题、引导舆论的方法，可以巧妙地移植到比赛中的菜品展示环节，提升菜品的曝光度和影响力，增加获胜的筹码。

（三）菜品赛鉴是提升途径

1. 行业交流的平台

菜品赛鉴为学生搭建了一个与业内同行广泛交流和深入学习的高端平台。在比赛中，学生有机会观摩其他参赛选手的杰出作品，了解行业内最新的创新成果和前沿趋势，从而极大地拓宽视野，开阔思路。例如，在一次烹饪技能大赛中，学生见识到一位选手运用真空低温烹饪技术制作出的精美中式菜品，深受启发，将这一技术引入自己后续的研发工作中，研发出更具科技含量和品质的创新菜品。

2. 技能精进的契机

比赛的严格要求和激烈的竞争氛围，有力地促使学生不断提升自己的烹饪技能和创新能力。通过与高水平选手的同场竞技和评审专家的专业点评指导,学生能够发现自身的不足之处,并在后续的学习和实践中有的放矢地加以改进和完善。例如,在比赛中评审专家指出学生在菜品调味的精准度上有所欠缺,学生回校后会加强在调味料的用量控制和调配比例方面的学习和训练,力求在下次比赛中取得更好的成绩。

3. 品牌塑造的机遇

在比赛中获得优异成绩,能够为新菜品和学生个人树立起良好的品牌形象,极大地增强其在市场上的知名度和美誉度,从而为新菜品的推广和销售创造有利条件。一位学生凭借其研发的特色菜品在全国性烹饪比赛中摘得桂冠,这一殊荣可以作为菜品推广的有力卖点,吸引消费者的好奇心,促使他们进行尝试,从而有效提升菜品的市场占有率和经济效益。

五、人才培养体系的实施保障

(一) 师资队伍建设

1. 专业人才引进

(1) 制定科学严谨、高标准的招聘流程和规范,面向全球广泛招聘具有丰富菜品研发、推新和赛鉴实战经验的卓越专业人才,充实和优化教师队伍。例如,积极引进在米其林星级餐厅担任过主厨或者在国际知名餐饮集团负责过新产品研发的顶尖人才。

(2) 与国内外权威的行业协会、专业的烹饪学会等建立紧密而稳固的合作关系,通过他们的推荐和严格选拔,引入在烹饪领域具有崇高声誉和广泛影响力的资深专家作为兼职教师或荣誉客座教授,为学生带来前沿的行业动态和实践经验。

2. 教师培训提升

(1) 定期组织教师参加国内外顶尖的烹饪培训课程、高级别的研讨会和前沿的学术交流活动,了解最新的烹饪技术突破、市场动态变化和先进的教学方法。比如,安排教师参加每年在欧洲举办的国际高端烹饪技术研修班,与世界顶级厨师交流切磋。

(2) 鼓励教师参加企业实践和挂职锻炼,以深入了解餐饮行业的实际运营流程和市场需求。例如,安排教师到国内知名餐饮连锁企业挂职担任产品研发顾问或市场营销经理,积累实践经验,反哺教学工作。

3. 激励机制建立

（1）设立全面完善的教师教学成果奖励制度，对在菜品研发教学、推新指导和赛鉴培训等方面取得显著成绩的教师给予丰厚的物质奖励和崇高的荣誉表彰。例如，对成功指导学生在国际重大烹饪比赛中获奖的教师，给予高额奖金和"卓越烹饪导师"的荣誉称号。

（2）为教师提供广阔的晋升空间和多元化的发展机会，如对在教学和实践中表现卓越的教师，给予职称晋升、职务提拔等激励，以充分激发教师的工作积极性。

（二）教学资源建设

1. 实验室与实训厨房建设

（1）投入充足的资金，打造现代化、智能化、高标准的烹饪实验室和实训厨房，配备全球领先的烹饪设备、先进的工具和精密的仪器。例如，购置具有人工智能控制功能的烤箱、高效节能的真空包装机、前沿的分子料理设备等。

（2）参照真实餐厅厨房的布局和工作流程，设计实验室和实训厨房，为学生营造逼真的实践环境。比如，按照五星级酒店厨房的标准配置，划分明确的功能区域，如热菜区、冷菜区、面点区等，让学生在实训中熟悉真实的工作流程。

2. 教材与课程资源开发

（1）组织专业教师和行业专家共同编写具有创新性和实用性的教材，将最新的菜品研发理念、推新策略和赛鉴经验融入其中。例如，编写《现代中餐菜品创新研发实例教程》《中餐菜品市场推广实战指南》等教材。

（2）建设丰富的在线课程资源库，包括教学视频、案例分析、虚拟实验等，方便学生随时随地自主学习。例如，制作菜品研发过程的高清视频教程，上传至学校的网络教学平台，供学生反复观看学习。

3. 行业合作与资源共享

加强与知名餐饮企业、行业协会的深度合作，建立长期稳定的产学研合作项目，共享优质资源。例如，与某著名餐饮集团合作建立实训基地，让学生有机会接触到企业的经营管理模式。

（三）质量监控与评估

1. 建立完善的教学质量监控体系

（1）制定明确的教学质量标准和评价指标，涵盖教学内容、教学方法、教学效果等多个方面。例如，要求完成菜品研发教学的教师，必须指导学生完成一定数量的创新菜品，保证所开发的菜品质量达到一定的标准。

（2）定期开展教学检查和听课活动，及时发现和解决教学过程中存在的问题。比如，成立教学质量检查小组，每月进行一次教学检查，对不符合质量标准的教学行为进行督促整改。

2. 学生学习效果评估

（1）采用多元化的评估方式，包括理论考试、实践操作考核、项目作业、作品展示等，全面评价学生的学习成果。例如，对于菜品研发课程，要求学生提交创新菜品的研发报告和实际制作成果。

（2）建立学生学习档案，跟踪学生的学习进度和发展情况，为个性化教学提供依据。比如，为每位学生建立电子学习档案，记录其每次课程的表现和成绩，分析其优势和不足，制定个性化的培养方案。

3. 持续改进机制

（1）定期收集教师、学生和企业的反馈意见，对人才培养体系进行全面总结和反思，发现问题及时改进。例如，每学期末组织师生座谈会和企业调研，广泛听取各方意见和建议。

（2）根据行业发展和市场需求的变化，适时调整人才培养方案和课程设置，确保人才培养体系的先进性和适应性。比如，当发现素食餐饮迅速崛起时，及时增加关于素食菜品研发和推广的课程。

构建以菜品研发、菜品推新、菜品赛鉴为核心的中餐烹饪专业人才培养体系，是应对中餐行业发展新趋势和市场需求新变化的必然选择。通过明确各环节的目标、内容和方法，加强相互之间的协同与配合，并提供全方位的实施保障，能够培养出具有创新精神、市场意识和实践能力的高素质中餐烹饪专业人才。这不仅有助于提升学生的职业竞争力和个人发展潜力，也将为中餐行业的创新发展注入强大动力，使中华饮食文化在新时代焕发出更加绚丽的光彩。

第三节　创新人才培养运行机制

一、培养目标的确立

（一）市场需求调研

深入了解中餐烹饪行业的发展趋势及市场对创新人才的具体要求，包括技能水平、创新能力、职业素养等方面。例如，通过问卷调查、访谈餐饮企业管理者和行业专家等方式，收集关于市场对新菜品开发、餐饮管理创新、饮食文化传承等方面的信息。

（二）结合学校定位与学生特点

根据学校的办学定位和学生的基础条件、兴趣爱好及发展潜力，确定具有针对性和可操作性的培养目标。比如，对于以培养高级烹饪技师为目标的学校，应侧重学生的高端菜品研发能力和对烹饪技艺的精湛掌握；而对于以培养应用型烹饪人才为主的学校，则应注重学生在实际工作中的创新实践能力和问题解决能力。

（三）明确具体的创新能力指标

将创新能力细化为具体的指标，如创新思维能力、创新实践能力、创新成果转化能力等，并设定可衡量的标准。例如，规定学生在毕业前需完成一定数量的创新菜品研发项目，或在相关烹饪比赛中获得奖项，以证明其具备一定的创新实践能力。

二、课程体系的构建

（一）基础课程与专业课程融合

学校通过设置语文、数学、外语、计算机等基础课程，以及烹饪原料学、烹饪工艺学、烹饪营养与卫生等专业课程，可实现基础知识与专业技能的有机结合。比如，在烹饪工艺学课程中，融入数学中的比例计算和物理学中的热传递原理，帮助学生更好地理解烹饪过程的科学原理。

（二）引入创新课程

学校通过开设如创意烹饪、饮食文化创新、烹饪艺术设计等创新课程，培养学生的创新意识和创新思维。例如，创意烹饪课程可以让学生自由发挥，利用不同的食材和烹饪方法创作新颖的菜品；饮食文化创新课程则引导学生挖掘传统饮食文化中的元素，进行现代演绎和创新。

（三）跨学科课程整合

整合食品科学、美学、管理学、市场营销学等跨学科课程，拓宽学生的知识面和视野。比如，食品科学课程帮助学生了解食材的成分和特性，为创新菜品的开发提供科学依据；美学课程则教导学生如何进行菜品的色彩搭配和造型设计，提升菜品的艺术价值；管理学和市场营销学课程使学生掌握餐饮企业的管理方法和市场推广策略，为未来的职业发展打下基础。

三、教学方法的创新

（一）项目驱动教学法

以实际的菜品研发、餐饮活动策划等项目为载体，让学生在完成项目的过程中学习和应用知识，培养创新能力和实践能力。例如，给定学生一个主题，如"健康养生菜品的研发"，让学生在完成市场调研、食材选择、菜品设计、制作实验、效果评估等一系列工作的过程中提升能力。

（二）问题导向教学法

通过提出实际问题，引导学生思考、分析和解决问题，培养学生的批判性思维和创新思维。比如，在课堂上提出"如何降低传统菜品的油脂含量，同时保持其口感和风味"的问题，让学生分组讨论，提出解决方案，并进行实践验证。

（三）情境教学法

创设真实的工作情境，如模拟餐厅厨房、餐饮活动现场等，让学生在情境中体验和学习，提高学生的职业素养和应对实际问题的能力。例如，模拟餐厅厨房，让学生扮演厨师、服务员等角色，进行菜品制作、服务流程演练，感受真实的工作氛围和压力。

（四）运用信息化教学手段

利用多媒体教学资源、网络教学平台、虚拟实验室等信息化手段，丰富教学内容和形式，提高教学效果。比如，通过网络教学平台发布教学视频、课件、案例等资源，让学生随时随地进行学习；利用虚拟实验室让学生进行烹饪实验的模拟操作，提前熟悉实验流程和注意事项。

四、实践教学的强化

（一）建设校内实训基地

配备先进的烹饪设备和工具，模拟真实的厨房环境，为学生提供充足的实践机会。比如，建立集热菜、冷菜、面点、烘焙等多种功能于一体的校内实训厨房，让学生在不同的工作区域进行轮岗实训，熟悉厨房的各个岗位和工作流程。

（二）拓展校外实习基地

与知名餐饮企业、酒店建立长期稳定的合作关系，安排学生进行实习，让学生在真实的工作环境中锻炼和提升自己。例如，与当地的五星级酒店合作，每年定期安排学生到酒店的厨房、餐厅等部门进行实习，让学生接触行业的前沿技术。

（三）产学研合作

加强与企业、科研机构的合作，共同开展菜品研发、技术创新等项目，让学生参与其中，提高学生的创新能力和实践能力。比如，与某食品企业合作开展新食材的开发和应用项目，让学生参与项目的调研、实验、推广等环节，使其了解科研和创新的全过程。

（四）组织创新创业实践活动

举办创新创业大赛、厨艺展示活动等，鼓励学生积极参与，培养学生的创新精神和创业意识。例如,定期举办校内的创新创业大赛,要求学生提交创新菜品或餐饮经营方案,并进行路演和展示,评选出优秀的项目加以奖励和扶持。

五、师资队伍的建设

(一) 专业教师引进

招聘具有丰富教学经验和实践经验的烹饪专业教师,充实师资队伍。比如,从知名餐饮企业引进具有多年工作经验的高级厨师担任专业教师,为学生传授最新的烹饪技术和行业经验。

(二) 教师培训与进修

学校通过定期组织教师参加培训课程、学术研讨会、企业实践等活动,使其不断更新知识和技能,提高教学水平。例如,每年安排教师参加国内外的烹饪培训和学术交流活动,以了解行业的最新动态和发展趋势;安排教师到合作企业挂职锻炼,以提高实践教学能力。

(三) 兼职教师聘请

聘请行业专家、企业骨干作为兼职教师,为学生授课并指导实践。比如,邀请知名的烹饪大师、餐饮企业家来校举办讲座、指导学生实践操作,让学生接触到行业的顶尖人才和最新理念。

(四) 教师激励机制建立

建立科学合理的教师评价和激励机制,对在教学、科研、实践指导等方面表现优秀的教师给予表彰和奖励。例如,设立教学优秀奖、科研成果奖、实践指导突出贡献奖等,激励教师积极投入教学和创新人才的培养工作。

六、评价体系的完善

(一) 多元化评价主体

从多个角度,包括教师评价、学生自我评价、同学互评、企业评价等全面评价学生的学习成果和能力水平。比如，在实践教学环节，教师要对学生的操作技能和创新成果进行评价；学生要对自己在项目中的表现和收获进行评价；有合作项目的同学之间要相互评价团队合作的表现；企业实习指导教师要对学生在实习期间的工作态度、创新能力等进行评价。

（二）多样化评价方式

学校通过结合考试、考核、作品展示、项目汇报、实践操作等多种方式进行评价，可以全面了解学生的知识掌握程度和应用能力。例如，对于理论知识采用考试的方式进行评价；对于创新课程的成果采用作品展示和汇报的方式进行评价；对于实践教学环节采用考核和实践操作的方式进行评价。

（三）全过程评价

对学生的学习过程进行动态跟踪和评价，可及时发现问题，给予反馈和指导。比如，在课程学习过程中，定期对学生的学习进度、作业完成情况、课堂表现等进行评价和反馈，帮助学生调整学习策略；在实践教学中，对学生的实践操作过程进行实时指导和评价，确保学生掌握正确的方法和技能。

（四）评价指标的科学性

学校通过设置科学合理的评价指标，涵盖知识掌握、技能水平、创新能力、职业素养等多个方面，能够确保评价过程的有效性。例如，知识掌握方面的评价指标应包括对专业理论知识的理解和应用；技能水平方面的评价指标应包括烹饪操作技能的熟练程度和精准度；创新能力方面的评价指标应包括创新思维、创新实践成果等；职业素养方面的评价指标应包括职业道德、团队合作精神、沟通能力等。

第三章　烹饪专业群创新型人才底色知识体系构建研究

要求学生拥有中式菜肴创新能力是烹饪专业教育的一个高层次的目标。在教学中，通过演示法、自学辅导法、实习作业法、参观法和讨论法，融汇创新思想于菜肴和教学，能够激发学生学习和探索的积极性，有效解决学生学习目标不明确，动力不足的现象，是烹饪专业教学的一个创新改革。

第一节　中国烹饪的工艺

中国烹饪，作为世界烹饪文化中的瑰宝，历经数千年的发展与传承，形成了独具一格的工艺体系。中国烹饪工艺不仅体现在食材的选择与处理、火候的掌握与运用上，还贯穿于烹饪的全过程，体现了中华民族对美食的极致追求和独特理解。本节将从多个方面深入探讨中国烹饪工艺的有关知识。

一、食材选择：讲究新鲜

中国烹饪对食材的选择极为讲究，认为好的食材是制作美味佳肴的基础。中国烹饪工艺中的食材选择，首先注重"精"，即选取的原料要考虑其品种、产地、季节、生长期等特点，以确保食材的新鲜度和质量；其次强调根据不同的季节选择合适的食材，如淮扬菜中有"刀鱼不过清明，鲥鱼不过端午"的说法；再次注重食材的不同部位，不同的部位适合不同的烹饪方法；最后注重材质鲜嫩，因为新鲜的食材能够提供最佳的口感和营养价值。

在中国烹饪工艺中，食材选择是一个综合性的过程，它不仅关乎味道和营养，还涉及文化、审美和环保等多个层面。这种对食材选择的严谨态度和精细考量，是中国烹饪艺术得以传承和发展的重要基础。

二、火候掌握与运用：火候的艺术

火候是中国烹饪工艺中至关重要的一个因素，直接关系到菜品的口感、色泽和营养价值。中国烹饪工艺讲究"文武火并用"，即根据不同的食材和烹饪需求，灵活运用高火、中火、小火等多种火候。

高火，又称旺火，适用于需要快速加热以便短时间内完成烹饪的菜品，如爆炒腰花等。高火能够迅速提高食材的温度，使食材表面迅速收缩，锁住内部的水分和营养，同时产生独特的香气和口感。

中火适用于需要较长时间完成烹饪的菜品，如炖、煮、蒸等。中火能够使食材在相对稳定的温度下逐渐熟化，达到内外熟透、口感细腻的效果。

小火，又称文火，适用于需要长时间慢炖或慢煮的菜品，如煲汤、炖肉等。小火能够使食材在低温下慢慢释放出营养和香味，达到汤浓肉烂、滋味醇厚的效果。

此外，中国烹饪工艺还注重火候的调节与变化。在烹饪过程中，厨师会根据食材的变化和烹饪需求，灵活调整火候的大小和持续时间，以达到最佳的烹饪效果。这种对火候的精准掌握和运用，是中国烹饪工艺的重要体现。

三、调味与调味品的运用：味觉的盛宴

中国烹饪工艺在调味方面也有着独特的技艺和丰富的经验。中国菜肴以其"五味调和"著称于世，即使酸、甜、苦、辣、咸五种基本味道在烹饪过程中相互融合、相互衬托，形成独特的口感和风味。

调味品的运用是中国烹饪调味工艺的重要组成部分。中国烹饪中常用的调味品种类繁多，包括酱油、醋、盐、糖、料酒、酱料等。这些调味品不仅各具风味，还能够在烹饪过程中发挥不同的作用。例如，酱油能够增加菜品的色泽和鲜味；醋能够去腥解腻、提味增香；糖则能够增加菜品的甜度和光泽度。

在调味过程中，中国厨师会根据食材的特点和烹饪需求，灵活运用各种调味品和调味方法。他们通过精确控制调味品的用量和比例，以及运用炒、炖、煮、蒸等多种烹饪手法，使各种味道在菜品中相互融合、相互衬托，达到最佳的效果。

四、烹饪技法：技艺的展现

中国烹饪工艺的技法很丰富，涵盖炒、炖、煮、蒸等。这些技法不仅各具特点和优势，还能够在烹饪过程中相互结合、相互补充，形成多样化的烹饪风格和口感。

炒是中国烹饪工艺中最常用的技法之一。其特点是高温快炒。在炒制过程中，食材在高温下迅速受热、变色、入味，形成独特的香气和口感。同时，炒制还能够使食材保持鲜嫩的口感，维持食材原有的营养成分。

炖是一种长时间慢火烹饪技法，适合处理不易熟透、肉质较厚的食材，如肉类和根茎类蔬菜。炖制出的食物口感较为软烂。

煮是相对快速的一种烹饪技法，比炖的时间要短，适用于处理体积较小、质地较软的食材。煮熟的食物口感比较有韧性，能够保留食物的原汁原味。

蒸是利用蒸汽作为传热介质对食材进行加热和熟化的烹饪技法。蒸制过程中，食材能够保持原汁原味和营养成分的完整性。蒸制适用于制作各种糕点、面食等食品，具有广泛的应用价值。

五、中国烹饪的原料预处理工艺

在中国烹饪工艺中，原料的预处理是至关重要的一环。它不仅关乎最终菜品的口感、色泽与风味，更是对食材本身特性的尊重与利用。原料预处理工艺涉及多个方面，包括清洗与去杂、切割与造型、腌制与调味、涨发与泡发等，每一项都蕴含着丰富的经验与智慧。

（一）清洗与去杂

清洗是原料预处理的第一步，也是保证食材卫生安全的基础。中国烹饪工艺对食材的清洗极为讲究，不仅要求去除表面的泥沙、污垢，还要尽可能保留食材的原汁原味和营养成分。对于不同的食材，清洗方法也不同。例如，蔬菜类食材通常采用流动水冲洗或浸泡的方式，以去除农药残留和杂质；而肉类食材则需要经过更加复杂的处理，如焯水、刮洗等，以去除血污和腥味。

去杂则是清洗的延伸，主要是剔除食材中可能存在的异物或不良部分。例如，在处理鱼类时，需要去除鱼鳞、鱼鳃、内脏等不可食用部分；在处理蔬菜时,则需要去除老叶、黄叶、虫洞等瑕疵部分。这些步骤看似简单,实则考验着厨师的细心与耐心。

(二)切割与造型

切割是原料预处理中极为重要的一环,直接关系到菜品的外观和口感。中国烹饪工艺对食材的切割有着严格的要求,因此也有着丰富的技法。将食材切割成片、丝、条、块、丁、粒、茸等不同形状,则需要应用不同的方法进行烹饪。切割时,厨师需根据食材的质地、烹饪方式和菜品要求,选用合适的刀具和手法进行精细操作。同时,切割的均匀性和一致性也是衡量厨师技艺高低的重要标准之一。

除了切割,造型也是中国烹饪工艺中不可或缺的一部分。通过将食材切割成特定的形状并巧妙组合,可以制作出形态各异、美观大方的菜品。这不仅增加了菜品的艺术性和观赏性,也提升了消费者的用餐体验。

(三)腌制与调味

腌制是中国烹饪工艺中常用的原料预处理方法之一。它通过在食材中加入适量的调味料和辅料,经过一定时间的浸泡或腌制,使食材入味并增加风味。腌制的方法多种多样,有盐腌、糖腌、酱腌、醋腌等,每种方法都有其独特的风味和适用场景。例如,盐腌可以去除食材中的多余水分并增加其韧性;糖腌则可以使食材变得柔软且带有一定的甜味;酱腌和醋腌则可以赋予食材浓郁的酱香或醋香。

调味也是原料预处理中的一个重要环节,一般在烹饪前进行。调味的方法包括腌制、拌制、涂抹等,具体取决于食材的特性和烹饪方式。通过巧妙的调味处理,可以使食材在烹饪过程中更好地吸收调味料的风味,从而提升菜品的整体口感和品质。

(四)涨发与泡发

涨发和泡发是处理干货食材常用的预处理工艺。它们各有特点。泡发更注重食材的自然风味,而涨发则强调食材的形态恢复和口感改善。在实际烹饪中,应根据食材的特性和个人口味偏好选择合适的处理方法。

泡发主要是将干货食材放在水中浸泡,让其自然吸水回软。根据水温的不同，泡发可以分为冷水发和热水发。泡发适用于质地较软、易于吸水的干货食材，如木耳、香菇、银耳等。

涨发是通过物理或化学手段使干制品的形状和成分尽可能恢复到原有状态。常用的涨发方法包括水发、油发、碱法、盐发等。涨发特别适用于质地坚硬、需要通过特殊处理才能恢复原状的食材，如海参、鱼翅、鱿鱼等。

综上所述，中国烹饪的原料预处理工艺是一项复杂而精细的工作，它要求厨师具备丰富的经验和精湛的技艺。通过科学合理的预处理工艺，可以使食材在烹饪过程中更好地发挥其特点和优势，从而制作出美味可口、营养丰富的菜品。

六、中国烹饪的混合工艺

中国烹饪工艺博大精深，其中混合工艺作为烹饪技艺的重要组成部分，承载着丰富的文化内涵和技术精髓。混合工艺不仅为菜肴提供了丰富的口感和风味，还提高了原料的利用率和烹饪的灵活性。本部分将从混合工艺的定义与目的、种类、影响因素等方面进行全面探讨。

（一）混合工艺的定义与目的

1. 定义

混合工艺是指将两种或两种以上的食物原料，通过粉碎、搅拌、混合等加工手段，制成一种新型原料的加工过程。这种新型原料在烹饪中能够展现出独特的口感、色泽和风味，为菜肴增添新的元素和亮点。

2. 目的

混合工艺的主要目的有以下几点。

首先是提供新型原料。通过混合不同原料，创造出新的食材组合，能够为菜肴制作提供更多选择。其次是提高原料的使用性。采用混合工艺，能够充分利用各种原料的特点和优势，实现物尽其用，减少浪费。再次是丰富菜肴风味。不同原料的混合能够产生复杂而独特的风味，使菜肴更加美味可口。最后是提升烹饪技艺。混合工艺需要厨师具备高超的技艺和丰富的经验，因此能够促进厨师不断提升烹饪技艺。

（二）混合工艺的种类

混合工艺根据原料种类、加工方法和成品特性可分为多种类型，其中最具代表性的是制胶工艺和制馅工艺。

1. 制胶工艺

制胶工艺是混合工艺中的一种重要形式，主要用于制胶。胶是由动、植物食用原料粉碎成粒、米、茸、泥等形态后，加水、蛋、盐、淀粉等原料搅拌混合制成的黏稠状复合型食料。

（1）胶的种类

根据用料性质、形态结构、液态调和剂及成品弹性等因素，胶可分为多种类型，如鸡胶、鱼胶、虾胶等单一型胶，以及鸡与虾、鱼与猪肉等复合型胶；根据形态结构可分为粗茸胶与细茸胶；根据液态调和剂可分为水调胶、蛋浆调胶、蛋泡调胶及羹汤调胶等；根据成品弹性可分为硬质胶、软质胶、嫩质胶和汤羹胶等。

（2）加工流程

制胶工艺一般包括修理清理、破碎、加水稀释、静置、加盐、上劲、加其余水稀释、上劲、加辅料、定味等步骤。在加工过程中，需要严格控制原料的比例、温度、pH 值及搅拌力度等因素，以确保胶的质量和口感。

（3）质检要点

不同类型的胶有不同的质检标准。如硬质胶应颗粒完整饱满、黏度强、能成团；软质胶应外观稠黏如糊、细腻如膏脂、软嫩光润；嫩质胶应成熟细嫩如内酯豆腐；汤羹胶则应成稀糊状等。

2. 制馅工艺

制馅工艺是混合工艺的另一种重要形式，主要用于制作各种馅心。馅心是指被一种食物原料包在中间的另一食物原料。

制馅工艺一般包括选料、刀工处理、去异味、减少水分、调味、拌和等步骤。在加工过程中，需要根据不同原料的特性和成品要求进行精细操作，以确保馅心的口感和风味。

（三）混合工艺的影响因素

混合工艺的效果受到多种因素的影响，主要包括原料特性、加工方法、环境条件等。原料的特性决定了混合过程中的物理和化学行为，加工方法则涉及混合的效率和均匀性，而环境条件如温度、湿度等也会影响混合工艺的最终效果。因此，要优化混合工艺，就必须综合考虑这些因素，以确保获得最佳的混合效果。

在中国悠久的烹饪历史长河中，混合工艺作为烹饪工艺的瑰宝之一，承载着厨师们的智慧与创造力。它不仅仅是将不同食材简单混合的过程，而是一种对食材特性深刻理解后的精妙融合。混合工艺以其独特的魅力，丰富了菜肴的口感层次、提升了菜肴的整体风味，成为中国烹饪中不可或缺的一部分。

（四）混合工艺的发展历程

混合工艺在中国烹饪中的历史可以追溯到远古时期。随着人类社会的发展和烹饪技术的进步，混合工艺逐渐从简单的食材混合发展到复杂的调味品制作和菜肴创新。在古代，人们就已经掌握了将多种食材混合制成馅料、面团等食品的技术；随着烹饪工具的改进和烹饪方法的多样化，混合工艺的应用范围也越来越广泛。到了现代，混合工艺更是成了厨师展现技艺和发挥创新思维的重要方式。

（五）混合工艺的技术要点

1. 食材选择与处理

混合工艺的成功与否，主要取决于食材的选择与处理。在选择食材时，厨师需要根据菜肴的特点和口味需求，精心挑选新鲜、优质、符合卫生标准的食材。在处理食材时，则需要根据食材的特性和烹饪要求，采用适当的切割、剁碎、搅拌等手法进行处理，以确保食材的质地和口感符合混合工艺的要求。

2. 配比与调味

配比和调味是混合工艺的关键环节。在配比时，厨师需要根据食材的特性、风味以及菜肴的整体需求，精确计算各种食材的比例关系；在调味时，则需要灵活运用各种调味料和调味品，通过精准的用量和巧妙的搭配方式，使混合后的食材呈现出丰富而和谐的风味。

3. 混合手法与顺序

混合手法和顺序也是影响混合工艺效果的重要因素。在混合过程中，厨师需要采用适当的搅拌、揉搓、摔打等手法，还需要注意混合的顺序和速度，以确保食材能够充分混合且保持其原有的营养成分和风味特点。

（六）混合工艺在菜肴中的应用

混合工艺在菜肴中的应用极为广泛，几乎涵盖了所有类型的菜肴制作。

以下是一些典型的应用案例。

1. 馅料制作

馅料是混合工艺在菜品中最常见的应用之一。通过将多种食材混合搅拌制成馅料，如饺子馅、包子馅、月饼馅等，不仅可以丰富菜品的口感和风味，还可以增加菜品的营养价值。在制作馅料时，厨师需要充分考虑食材的搭配比例和调味方式，以确保馅料口感鲜美、风味独特。

2. 调味品制作

混合工艺还可以用于制作各种调味品，如酱料、腌料、调味料等。这些调味品在菜品制作中起着至关重要的作用，它们不仅能够提升菜肴的风味和口感，还可以使菜品更加美味可口。在制作调味品时，厨师需要精心挑选优质食材并采用科学的配方和工艺，以确保调味品的品质和口感符合菜品的要求。

3. 菜品创新

混合工艺还为菜品创新提供了无限可能。通过将不同食材进行混合搭配可以创造出新颖独特、风味各异的菜品。这些菜品不仅满足了人们对美食的追求和期待，也为烹饪技艺的传承和发展注入了新的活力。

七、混合工艺在现代烹饪中的创新与发展

随着现代烹饪技术的不断发展，混合工艺也得到了发展和完善。以下是一些现代烹饪中混合工艺的创新与发展趋势。

（一）制馅工艺

在中国烹饪工艺中，制馅工艺以其独特的魅力和深厚的文化底蕴，成为中华美食不可或缺的一部分。从家常的饺子、包子，到精致的月饼、汤圆，馅心作为面点的灵魂，不仅承载着丰富的风味与口感，更蕴含着中国人对食材的极致追求和对烹饪艺术的深刻理解。

1. 制馅工艺的历史渊源

制馅工艺的历史可以追溯到古代中国，随着农耕文明的发展，人们开始尝试将各种食材加工成馅料，包裹在面团或米粉中，制成各式各样的面点。这些面点不仅满足了人们的口腹之欲，更成为节日庆典、家庭聚会等场合的重要食品。在历史的长河中，制馅工艺不断演变和完善，形成了今天我们所见到的丰富多样的馅心种类和制作工艺。

2. 制馅工艺的技术要点

（1）食材选择与处理

制馅的第一步是食材的选择与处理。优质的食材是制作美味馅心的关键。在选择食材时，厨师会根据馅心的种类和口味需求，挑选新鲜、无异味、质地适宜的原料。例如，制作肉馅时，需要选用肥瘦相间的猪肉，剁碎或经绞肉机处理制成细腻的肉糜；制作素馅时，则需要选用新鲜蔬菜，经过摘洗、切碎、挤水等步骤，去除多余水分和异味。

（2）调味与拌制

调味是制馅工艺中至关重要的环节。调味的成功与否直接影响馅心的风味和口感。在调味时，厨师会根据食材的特性、地域特点以及个人喜好，选用适量的盐、酱油、味精、胡椒粉等调味料进行调配，还会加入葱、姜、蒜等增香去腥。然后经过充分搅拌，使各种食材和调味料充分融合，形成均匀细腻的馅料。

（3）水分与黏度的控制

水分和黏度是制馅过程中需要特别注意的因素。水分过多会导致馅料过稀不易成形；水分过少则会使馅料口感干硬。因此，在拌制馅料时需要根据食材的特性适量添加水分或油脂，以调节馅料的湿度和黏度。此外，一些特殊的制馅方法，如打水法和掺冻法，也可以有效增加馅料的湿度和黏度。

3. 制馅工艺的种类划分

根据原料性质和熟制程度的不同，馅心可以分为多种类型。

（1）生馅与熟馅

生馅是指未经熟制处理的馅料，如生肉馅、生素馅等。生馅在制作过程中保留了食材的原汁原味和营养成分，口感鲜嫩多汁。熟馅则是指经过熟制处理的馅料，如炒熟的肉馅、煮熟的蔬菜馅等。熟馅在熟制过程中使食材更加软化入味，口感更加醇厚。

（2）咸馅与甜馅

咸馅是指以咸味为主的馅料，如猪肉大葱馅、韭菜鸡蛋馅等。咸馅在调味时以盐为主，辅以其他调味料如酱油、味精等，形成咸鲜可口的风味。甜馅则是指以甜味为主的馅料，如豆沙馅、莲蓉馅等。甜馅在调味时以糖为主，辅以其他甜味剂如蜂蜜、麦芽糖等，形成甜而不腻的口感。

（3）荤馅与素馅

荤馅是指以肉类为主要原料制成的馅料，如猪肉馅、牛肉馅等。荤馅在制作过程中需要充分搅拌以使肉质细腻均匀，并加入适量的水分和调味料以增加口感和风味。素馅则是指以蔬菜为主要原料的馅料，如韭菜馅、白菜馅等。素馅在制作过程中需要去除多余水分并加入适量的油脂和调味料以提高黏度和口感。

4. 制馅工艺的风味特色

制馅工艺以其独特的风味特色而闻名于世。不同地区、不同民族的制馅工艺各具特色，形成了丰富多彩的风味体系。

（1）地域风味

中国地域辽阔，不同地区的气候、土壤、水源等自然条件差异较大，因此食材的种类和品质也有所不同。在制馅过程中，厨师会根据当地食材的特点和风味需求进行调整和创新。例如，北方地区的制馅工艺注重馅料的鲜美多汁；南方地区则更注重馅料的细腻和口感的清淡。

（2）民族风味

中国是一个多民族国家，各民族之间的饮食文化既相互交融又各具特色。在制馅工艺方面也不例外。例如，回族人喜欢制作羊肉馅的包子、饺子等面点；藏族人则擅长制作以牦牛肉和青稞面为主要原料的糌粑和酥油茶等食品。

（二）馅心的一般应用规律

1. 馅心的对应规律

馅心是对应菜点的需要而产生的，不同的菜点对馅心的要求也不相同。一般来说，具备密封结构的菜点对馅心的卤性要求较高，即要求具备致密性的外皮，且成熟馅渗出汁较多，如汤包、葫芦鸭等。具备开放性结构的菜点则要求馅心黏着性要强，如笋卷、夹沙年糕等。外皮具备渗透性质的菜点则要求馅心的固形性要好。大型菜点馅心形态可以相对粗放些，小型菜点馅心则一定要细腻。

2. 料形应用规律

馅心被包裹在菜点生坯内部，加热时应与外皮同时成熟，因此视具体菜点的需要而决定粒型的大小。过细的馅心在老韧性外坯中，易产生皮熟馅老而失味的结果，反之过粗的馅心在细嫩的外坯里则容易产生馅熟皮烂或者皮熟馅生的结果。一些有馅的菜点制作失败的原因正是忽视了这一规律。

3. 制馅工艺的应用规律

制生馅时，菜馅既要保持鲜、脆、嫩，又不能因汤卤过多而难以成形，因此，生菜馅必须盐渫排水，再拌猪油以增加黏性；生肉馅则要采用近似于制胶的方法使之保水保嫩，并通过打水或掺冻实现馅心鲜嫩卤多的效果；熟制馅一般综合使用焯、炒、烩、拌等方法，实现既鲜香入味又排除生熟不均的缺陷。

4. 馅心的调味规律

一般而论，面点的馅心应既有突出的风味，又不影响整体效果的表达。面点是单独食用的，总体咸味应小于菜品，但内馅咸味应与正常咸味相等，菜品内馅口味应相对弱于菜品正常口味，否则加上菜品整体正常口味则会产生过咸或过重的不良效果。

（三）制面团工艺

中国烹饪工艺源远流长，博大精深，其中制面团工艺是面食制作的基础和核心。无论是馒头、包子、饺子，还是面包等，都离不开面团。本部分将从面团的种类、发酵方法、调制技巧等方面，详细探讨中国烹饪中的制面团工艺。

1. 面团的种类

（1）发酵面团

发酵面团是通过酵母或其他发酵剂的作用，使面团中的糖分发酵产生二氧化碳和乙醇，从而使面团膨胀松软。常见的发酵面团制品有面包、馒头、包子、烧饼等。

制作流程：发酵面团的制作流程主要包括投料、搅拌、发酵、整形和烘烤等步骤。投料时，必须让水直接与面粉接触，使蛋白质充分吸水形成面筋，这样面团在发酵过程中，酵母排出的气体不易逸出，容易形成膨松面团。搅拌时，通过低速到高速的逐步调整，使面筋充分形成。发酵面团的温度一般控制在28℃~30℃，有利于酵母的生长繁殖和面筋的形成。

影响因素：面团的发酵受温度、湿度、酵母用量、搅拌时间等多种因素影响。温度过高会加速面团的发酵但易导致面团发酸，温度过低则会使面团的发酵缓慢。湿度过高会使面团表面结皮，湿度过低则会使面团易干裂。酵母用量过多会导致面团发酸，过少则会导致面团发酵不足。搅拌时间不足会导致面团未充分延伸，搅拌过度则会使面团表面发黏，不利于后续操作。

（2）水调面团

水调面团是通过水与面粉的直接混合搅拌形成的，不需要发酵剂。根据水温的不同，水调面团可分为冷水面团、温水面团和热水面团。

冷水面团：用冷水调制，面团结构紧密，韧性强，适合制作饺子、面条等。调制时需分次加水，用力揉搓，使面粉颗粒结合均匀，揉至面团光滑不粘手。

温水面团：水温控制在 50℃~60℃，面团柔软有弹性，适合制作花色蒸饺等。调制时需掌握准确的水温，过高或过低都会影响面团特性。

热水面团：水温较高，面粉中的淀粉吸收热水后膨胀糊化，面团柔软黏糯，适合制作馅饼皮等。调制时需将热水均匀浇在面粉上，边浇边拌和，防止面团过热。

（3）半发面团

半发面团是指在制作面点前，将部分配方中的面粉、水、酵母等成分混合搅拌，经过一定时间的静置发酵，但未发酵至最终状态的面团。这种面团具有一定的弹性和韧性，适合制作馒头、包子、饺子等面点。

制作流程：将高筋面粉、温水、酵母、盐等材料准备好，按比例混合搅拌成面糊，然后揉成光滑且有弹性的面团。发酵一定时间后，重新揉面排出气体，分割成小块进行后续操作。

注意事项：发酵时温度应控制在 25℃~30℃，避免温度过高或温度过低影响发酵效果。酵母用量需根据面粉量合理调整，盐的使用也要适量，以免影响酵母活性。

2. 发酵方法

（1）快速发酵法

快速发酵法通过提高发酵温度、增加酵母用量或使用发酵促进剂等方法，缩短面团的发酵时间。这种方法适用于快速制作大量面点，但需要注意控制发酵条件，避免面团发酸。

（2）一次发酵法

一次发酵法是指将面团搅拌好后直接进行发酵，发酵完成后再进行分割、整形和烘烤。这种方法操作简单，但发酵时间较长，需要控制好发酵温度和湿度。

（3）二次发酵法

二次发酵法是指将面团搅拌好后先进行第一次基础发酵，然后分割、整形后进行第二次发酵。这种方法能使面团充分松弛，面筋扩展更充分，制品口感更好。

3. 调制技巧

（1）搅拌速度

搅拌速度对面团的形成和品质有重要影响。在面团搅拌的不同阶段，需采用不同的搅拌速度。水化阶段用慢速搅拌使原料混合均匀；面团卷起阶段用中速或快速搅拌使面团逐渐成团；面筋扩展阶段用快速搅拌使面筋充分形成；面团完成阶段用慢速搅拌使油脂与面团混合均匀。

（2）加水量

加水量的准确性对面团品质至关重要。加水量过多会导致面团过软，操作困难；加水量过少则会使面团发硬，内部组织粗糙。一般加水量为面粉量的45%~55%，需根据面粉的吸水率进行调整。

八、中国烹饪的优化工艺

优化工艺，是指运用装饰、衬托、增强等美化方法，对食物原料的色、香、味、形、质等风味性能进行优化和精细的加工，使食物制品在保持原有营养质量的基础上达到提升风味的效果。

优化工艺来自人们对食物之美、对饮食文化多样性的不断追求。通过调味调香、致嫩着衣和着色、食雕等一系列优化手段，可使食物口味、香气、色泽、造型、质感等发生变化，具有更多的适用性和更佳的食用性，从而极大地提高菜品的文化附加值。在优化工艺中，人文精神通过菜品的刻意制作得到充分体现，人们的文化、传统、风俗、思想、情感等通过优化加工的美食，集中表现出来，使食物超越它的自然属性。

优化工艺具体包括调味工艺、着色工艺、致嫩工艺、着衣工艺和食品雕刻工艺等。

（一）调味工艺

1. 调味工艺的概念与基本作用

调味工艺是菜点制作的一项专门艺术化过程。"味乃馔之魂"，菜点只有通过调味工艺的加工，才能具备美食的本质，而滋味美好的菜点会使人愉悦，使人食欲增长。具体来说，调味具有分散作用、渗透作用、吸附作用、复合与中和作用。

（1）分散作用调味一般使用水（或汤）、液体食用油脂作为分散介质，将调味品调解分散开来，成为调味品浓度的分散体系，以达到调味的目的。

（2）渗透作用指在渗透压的作用下，调味品溶剂向食料固态物质细胞组织渗透达到入味的效果。

（3）吸附作用在调味中主要指固体食料对调味品溶剂的吸附。

（4）复合与中和作用指两种以上单一味中和成一种或两种以上的复合味。在调味中复合作用高于一切，一切复杂味感皆离不开复合与中和作用。

2. 调味的基本程序与方法

调味以加热制熟为中心，一般可分为三个程式：超前调味、中程调味和补充调味。

（1）超前调味指在加热前，对食物原料添加调味品，以达到改善原料味、嗅、色泽、硬度及持水度品质的目的。行业中又称之为"基本调味"或"调内口"等。超前调味主要运用"拌"的手法对食料进行腌渍，通常要花费十分钟到十数小时不等或更长时间。腌渍的主要方法有干腌渍法（如风鸡、板鸭等）、湿腌渍法（如醉蟹、糖醋蒜等）和混合腌渍法（如盐水鹅、酱莴苣等）。

（2）中程调味指在加热过程中调味，这是以菜品为对象的调味过程，是菜品调味的主要阶段。一般来说，细、软、脆、嫩、清、鲜等特质的菜品，加热快，其调味速度也快，故采取一次性调味或使用兑汁进行调味。而对酥、烂、糯、黏、浓、厚等特质的菜品来说，加热慢，其调味速度也慢，故需采取多次程序化调味。

（3）补充调味指菜品被加热制熟后再进行调味，这种调味的性质是对主味不足的补充或追加调味。根据不同菜品的性质特征，在炝、拌、煎、炸、蒸、烤等制熟方法中，视菜品是否需要在完成加热后补充调味。补充调味一般采取和汁淋拌法、调酱涂抹法、干粉撒拌法、跟碟上席法等。

（二）着色工艺

1. 着色工艺的性质与作用

当菜品的色彩不能满足食客心理色彩需求时需对其色彩进行某些净化、

增强或改变的加工，称为着色工艺。菜品的色彩属于视觉风味的重要内容，它包含原料色彩与成品色彩两个部分，能最先体现菜品成品本质的美丑，因此是菜品质量体系中的第一质量特征。

随着现代消费者对餐饮欣赏能力的提高，菜品色彩日益成为完美风味时尚不可轻视的方面。从饮食心理的角度来看，色彩比造型更为直接地影响人们的进餐情绪。在日常生活中，色彩对人的食欲心理影响是建立在各自饮食经验之上的，红色未必会激发人的食欲，紫色也未必会抑制人的食欲，问题是色彩能否充分反映出菜品的完美质量，是否与进餐者经验参数相吻合。例如，鲜红的辣椒油会使不嗜辣者恐惧，而使嗜辣者激动；酱红的烧肉会使喜食浓味者冲动，而会引起喜食淡者的厌恶之情。可见，人的进餐情绪实质不受单纯的色彩影响，而是与菜品质量的"心理色彩"相关联。

2. 着色的规律与方法

美好的色彩是优良菜品新鲜品质的象征。在烹饪实践中，本色往往体现的是材质之美，而成品之色体现的是工艺之美。但工艺之美必须建立在自然美的基础上，使白者更纯，红者更艳，绿者更鲜，黄者更亮，暗淡者有光泽，灰靡者悦目，使菜品尽显新鲜自然的本质。

在烹饪工艺中，往往会利用食料中的天然色素，使菜品有更为丰富的色彩变化。就色素来源而言，可分为动物色素、植物色素和微生物色素三大类，其中，植物色素最为缤纷多彩，是构成食物色素的主体。这些不同来源的色素若以溶解性能区分，可分为脂溶性色素和水溶性色素。用于菜点着色的色素主要有铜叶绿酸钠、类胡萝卜素、红曲素、花青素、姜黄素、红花黄色素等。

食品着色的方法有很多，依据不同的功能性质可分为净色法、发色法、增色法和附色法四大类。

（1）净色法指去其杂色，实现本色，使食料之色更为鲜亮明丽的方法。具体方法包括漂净法和蛋抹法。

（2）发色法指通过某种化学的方法，使原料中原本缺弱的色彩因素得到增强，目前主要使用的是食硝法与焦糖法。

（3）增色法指在有色菜点中添加同色色剂，提亮或加重其本色。例如，当番茄沙司的红色显得过于浅淡时，可适量添加同色色剂，使之同色增强；橙汁鸡块中靠橙汁原色是不够的，若添加同色色剂，则会增强黄色的明快，给人以鲜艳亮丽的美感。

（4）附色法指将食料本色渲染或遮盖，使之产生新的色彩的方法，即将另一种色彩附着于食料之上的方法。具体方法有染拌着色法、裹附着色法、滚粘着色法、掺和着色法等。

（三）致嫩工艺

1. 致嫩的概念和目的

在烹饪原料中添加某些化学剂或通过物理手段，使原料组织结构疏松，提高原料的持水性，改善原料的组织结构成分，提高脂含量，使原料质地比原先更为滋润嫩滑的加工方法，称为致嫩工艺。

嫩是食品质量体系中有关质地的内容之一，是相对老而言的一种口感，具有固形性，但又具有松、软、脆的综合特征。致嫩加工主要针对动物肌肉原料。除极少部位外，动物原料的横纹肌与平滑肌组织普遍具有老、韧、粗、干的特性，要使之达到松嫩程度，则需要经过长时间加热，破坏其纤维组织结构，但长时间加热又容易使之失去新鲜嫩脆的风味，要让这些原料在短时间加热中既制熟又保持鲜嫩，适当采用致嫩工艺就显得非常必要。致嫩的目的是破坏结缔组织，使之疏松持水，既方便成熟，又保持嫩度；另外，致嫩工艺对缩短加热时间，便于咀嚼和消化都起着重要作用。

2. 致嫩的方法

致嫩的方法有碱致嫩，泡打粉致嫩，木瓜酶致嫩，盐、酸致嫩等方法，其中又以化学剂致嫩方法最为重要。

（1）碱致嫩主要是破坏肌纤维膜、基质蛋白及其他组织结构，使分子与分子间的交链键断裂，从而使原料组织结构疏松，有利于蛋白质的吸水膨润，提高蛋白质的水化能力，常用的方法有碳酸钠致嫩法和碳酸氢钠致嫩法。

（2）泡打粉是一种复合疏松剂，由碱剂、酸剂和填充剂组成，在致嫩中可起到碱性致嫩的作用，同时也有利于保持原料的鲜香风味。

（3）木瓜酶致嫩主要利用木瓜蛋白酶渗透性强的特点，在对体积较大的肉块致嫩时，速度快，致嫩均匀，效果远胜于碱致嫩方法。除木瓜蛋白酶外，其他如菠萝、无花果、生姜、猕猴桃等植物中的蛋白酶都有相同的作用。

（4）盐、酸致嫩就是在原料中添加适量食盐使肌肉能保持大量水分，并能吸附足量的水。另外，在一些具有韧性的动物肉质原料的烹制过程中，适量添加一些酸性物质，可对原料肉质产生一定的膨润作用。

（四）着衣工艺

1. 着衣的概念与作用

着衣指用蛋、粉、水等原料组合在食料外层蒙上保护膜或外壳的加工方法，如同为菜点原料置上外衣，故称为着衣工艺。着衣工艺在烹饪中具有保嫩与保鲜、保形与保色以及增强风味融合的作用。

（1）着衣工艺的保嫩与保鲜，一般为油导热旺火速成的需要所设置，为较高油温中骤然受热的裸料着衣，会缓冲高温对原料表面的直接作用，使原料内部水分外溢明显减少，物质的风味也因此得到保持，从而保障了肉质原料与一些更为细嫩的复合原料细嫩鲜美的特质。同时淀粉糊化还能增添爆炒菜品爽滑的优美触感，丰富炸、煎菜品触觉的对比层次。

（2）着衣工艺的保形与保色，一般用于鸡、鱼、虾、贝等细嫩原料加工成细薄弱小的料形时，在加热中易碎、萎缩、变形、变色等，经着衣后，由于黏结性的加强和保水性能的提高，不仅能保持原料完整、饱满、光滑的形态，还能使原料保持鲜美本色，同时还有利于某些菜品艺术造型的固形，如菊花鱼、松鼠鳜鱼等，令菜品制熟后形成良好的视觉效果。

（3）着衣工艺的增强风味融合，一般使用淀粉、麦粉、澄粉与鸡蛋的混合，这不仅能使菜品本身的营养成分增加，质构更为合理，还有利于原料对卤汁的裹附，从而促进整体菜品风味的融合性。

2. 着衣的方法

着衣工艺依据不同质构与使用性质可分为上浆、挂糊、拍粉和勾芡四种方法。

（1）上浆指用蛋、淀粉调制的黏性薄质浆液将原料裹拌住。上浆可起到保鲜、保嫩、保持状态、提高菜品风味与营养的综合优化作用，其具体步骤为：腌拌→调浆→搅拌→静置→润滑。

（2）挂糊指用水、蛋、粉料调制成黏稠的厚糊，裹附在原料的表面。与上浆一样，挂糊对原料原本的诸种品质具有良好的保护和优化作用，被广泛地应用于炸、煎、烤、熘等类菜品中。挂糊的主要方法有拌糊法、拖糊法和拍粉拖糊法。拌糊法是将原料投入糊中拌匀，适用于料形较小且不易破碎的原料，如肉丁、干豆块等；拖糊法是将原料缓缓从糊中拖过，适用于料形较大、扁平状的原料，如鱼、猪排等；拍粉拖糊法是指先拍干淀粉，再拖上黏糊的方法，适用于含水量较大的大型原料。

（3）拍粉指将原料表层滚沾上干性粉粒。干性粉粒包括面粉、干淀粉、面包粉、椰丝粉、芝麻粉等。拍粉的主要作用是使原料吸水固形，增强风味，保护其中的营养成分。拍粉工艺被广泛用于炸、煎、熘类菜品之中，其主要方法有拍干粉和上浆拍粉。

（4）勾芡指在菜品制熟或即将制熟时，投入淀粉芡汁，使汁液稠浓，黏附或部分黏附于菜品之上的过程。勾芡的主要方法有泼入式翻拌勾芡和淋入式推摇勾芡。前者是将芡汁迅速泼入锅中，在芡汁糊化的同时迅速翻拌菜品，使之裹上芡汁；后者是将芡汁徐徐淋入锅中，一边摇晃锅中菜品或推动菜品，一边淋下芡汁，使之缓缓糊化成菜品。

（五）食品雕刻工艺

1. 食品雕刻的性质与目的

将具有良好固体性质的食物原料雕刻成具有象征意义的图案或模型的加工叫食品雕刻。食品雕刻是对菜品表现形式的装饰与美化，是在不影响食用性前提下的艺术造型加工，可提高食客的审美感受，增强饮食情趣。食品雕刻被广泛应用于宴会、筵席之中，对提高筵席的意境、渲染气氛、美化菜品的视觉效果等具有重要作用。

2. 雕刻形式

食品雕刻的形式分为立体雕、浮雕与镂空雕。

（1）立体雕指将一块原料雕刻成四面象形的物体。立体雕在成形的形式上又有整雕与组合雕的分别。

（2）浮雕指在原料表面刻出具有凹凸块面的图案。其中，表现图形的条纹凸出，飞白处凹下，称作"凸雕"；表现图形的条纹凹下，飞白处凸出，称作"凹雕"。

（3）镂空雕指将原料壁穿透，刻成具有空透结构的图形。

三类雕刻形式中，立体雕立体感强，常组装成大型雕刻造型，气魄与规模都令人瞩目，富丽而繁复；浮雕装饰性强，适用于对瓜盅的美化；镂空雕显得空灵剔透，观赏性强，是萝卜灯的主要雕刻形式。

3. 雕刻程序

雕刻任何物品都必须按照所设计的程序分步骤进行。雕刻的实施一般按如下程序：命题→设计→选料→制坯雕刻→组装成形。

4. 食品雕刻的原则

食品雕刻的原则包括四个方面：一是适时雕刻，若需雕刻，则应按质雕刻，不应因雕伤质、刻意求工而造成原材料的过度浪费；二是不能耗费太多时间，并严格控制食物的污染情况，确保卫生，在雕刻时要做到轻、快、准、实；三是运用雕品参与装饰，不能喧宾夺主，本末倒置，应起到突出主菜、烘托主题的作用；四是遵从可食性第一的原则，尽可能减少不可食因素。

九、中国烹饪的制熟工艺

制熟工艺指通过一定的方法，对菜品生坯进行加工，使食物卫生、营养、美感三要素高度统一，成为能直接被食用的食品加工过程。制熟工艺分为加热制熟和非热制熟两种。在中国食品体系中，加热制熟的工艺占主要地位，是制熟工艺方法的主体。

无论加热与否，制熟工艺都具有如下功能。

①有效地杀灭食料内部的菌虫，加热时，当温度达到85℃时，一般菌虫都能被杀灭。一些不加热的制熟工艺中，所使用的盐、醋、芥末、葱、蒜、酒等都有良好的杀灭菌虫的效果。

②分解食料中的养分，破坏组织结构，从而缩短咀嚼时间，有利于人体对营养物质的消化与吸收，同时还给人以软、脆、烂、酥等口感上的享受。

③形成令人喜爱的特定味觉、嗅觉的综合风味。

④对菜品的形状和颜色做最后的定位，使菜品成形。

（一）制熟加工方法的种类

通过对热源、介质、温度、结构与形式的区分，制熟的烹调方法可分为如下类型。

1. 加热制熟

（1）固态介质导热制熟包括砂导热制熟（砂炒）、盐导热制熟（盐焗）、泥导热制熟（泥烤）。

（2）液态介质导热制熟包括如下两种。水导热制熟：大水量导热制熟

（氽、涮、白焯、水熘、汤爆、炖、卤、煨、煮）和小水量导热制熟（烩、烧、熬、焖）。油导热制熟：大油量导热制熟（炸、熘、烹、拔丝）和小油量导热制熟（炒、爆、煎、贴）。

（3）气态介质导热制熟包括蒸汽热制熟（蒸、蒸熘）、烟热制熟（熏）、干热气制熟（烤烘）。

2. 非热制熟

非热制熟包括发酵制熟（泡、醉、糟、霉）、化学剂制熟（腌、变）、凝冻制熟（冻、挂霜）、调味制熟（炝、拌）。

（二）预热加工

1. 预热加工的目的

在正式制熟加工之前，采用加热的方法将原料加工成基本成熟的半成品状态的过程叫预热加工。预热加工的目的：制熟前去除某些原料的腥臭、苦涩等异味；加深某些原料的色泽；为某些原料增香、固形；实现多种原料同时制熟的成熟一致性；缩短正式制熟加工的成菜时间。

预热加工并不具有独立的意义，而是从一种完整方法中割裂出来的步骤。例如，烧鱼，为了增强鱼的色泽和香味，必须预煎一下。

2. 预热加工的方法

预热加工方法主要有水锅预热、汤锅预热和油锅预热等。

（1）水锅预热，又称为"焯水"或"飞水"，即在水中烫一下。其中包括冷水锅预热法和沸水锅预热法。

（2）汤锅预热指将富含脂肪、蛋白质的禽、畜类新鲜原料置于水中，使原料内浸出物充分或部分溶解于水中成为鲜汤的方法，因此又称为"制汤"。

（3）油锅预热指为了满足某种固形、增色、起香的预热需要，将原料置于油锅中加热成为半成品（传统上称为"过油"）的方法。不同的油温可使食料产生不同的质感。过油为某些菜品所要特意表达的脆、酥、香奠定了基础，实际上是为炸或煎的操作进行预熟加工。

（三）油导热制熟法

1. 油炸法

油炸法指将原料投入食用油中加热，使之直接成熟的制熟方法。油炸法的目的是使原料表层脱水固化而结成皮或壳，使内部蛋白质变性或淀粉糊化而制熟，因此，油炸菜点成品具有干、香、酥、松、嫩的风味特点。油炸法基本分为着衣法和非着衣法两大类。

2. 油煎法

油煎法指将扁平状原料在少油的锅底缓慢加热成熟的方法。油煎法在熟化性质方面几乎与油炸法相同，故称"干煎"，但其香味更为浓郁。油煎法依据其成品触感加以区别，基本分为脆煎与软煎两种方法。

3. 油炒法

油炒法指加热时将片、条、丝、丁、粒等小型原料在油锅中边翻拌边调味直至原料入味成熟的方法。油炒法又分为煸炒法、干煸法、滑炒法、软炒法、熟炒法、爆炒法等，代表菜品有"滑炒里脊丝""葱爆羊肉"等。

4. 烹法

烹法指将预先调制的味汁迅速投入锅中预炸或预煎的原料上，使之迅速被吸附收干入味的制熟成菜方法。烹法制作的菜品具有干香紧汁、外脆里嫩的特点。依据预热加工方法的不同，烹分炸烹与煎烹；依据干湿性质，烹又可分干烹与清烹，如"干烹黄鱼片""清烹仔鸡"等为以烹法成菜的菜品。

5. 熘法

熘法指将预熬熟制的稠滑黏性滋汁经过打、穿、浇或拌入原料的成菜方法。熘法关键在于"熘"字，熘是指滋汁在锅中稠滑流动而快速浇拌（已预热）菜品。熘法所用的主料半成品主要来自炸或煎熟品，也可以是蒸或氽熟的。菜品常以酸甜口味为特征。熘法依据成菜的触感可分为脆熘、软熘、滑熘和焦熘，代表菜品有"醋熘鳜鱼""西湖醋鱼"等。

6. 拔丝

拔丝指将原料炸脆投入热溶的蔗糖浆拌匀装盘，在冷却过程中拔出缕缕糖丝的方法。由于糖浆的黏性较大，且冷却速度限制了出丝的时间，因此，在盘中刷油，可防止糖浆黏结在盘上。上桌食用时，下垫热盅可以减缓其冷凝速度；带凉开水蘸食，可以防止粘牙和粘筷，并增加入口的甜脆感。拔丝大多运用于水果、蔬菜块根、茎和其他固形优质的原料，是"甜菜"的专门制熟法。依据溶剂的使用方式不同，有油拔法、水拔法、油水合拔法和干拔法等，代表菜品有"拔丝苹果"等。

（四）水导热制熟法

1. 炖法

炖法指将原料密封在器皿中，加水并将温度控制在95℃~100℃，使汤质醇清、肉质酥烂的制熟成菜的方法。炖法是制汤菜的专门方法，所用原料为富含蛋白质的韧性新鲜动物原料。炖法侧重于成菜中鲜汤的风味，同时要求汤料达到"酥烂脱骨而不失形"的标准。炖法有清炖与伴炖之分，菜品保持原料原有色彩、汤质清澈见底的称为清炖，包括砂锅炖、隔水炖、汽锅炖和笼炖；经过煸、炸等预热加工再炖制或者添加其他有色调味料使汤质改变原色彩的称为伴炖。炖法的代表菜品有"清炖蟹粉狮子头""汽锅鸡""炖鳝酥"等。

2. 煨法

煨法指将富含脂肪、蛋白质的韧性动物原料经炸、炒、焯后置于（陶、砂）容器中，加入较多的水，用中等火力加热，保持锅内沸腾至汤汁奶白、肉质酥烂的制熟成菜的方法。煨与炖一样需有较多的水，以菜出汤，但不同的是炖用小火加热，使汤面无明显沸腾状态，而煨则需用中火加热，使汤面有明显沸腾状态，这样才能使汤汁浓白而稠厚。煨法的代表菜品有"白煨香龟"等。

3. 卤法

卤法指将原料置于卤水中腌渍并运用卤水加热制熟的方法。在加热方面，卤采用"炖"或"煮"的方式，要求卤汁清澈，便于凝结成"水晶冻"。通常，卤法要求保持原料的柔嫩性，需采用沸水下锅的方法将其预焯水，再用小火加热，保持卤水的清澈。卤法运用于肥嫩的禽类，要求断生即熟；运用于肉类，则要求柔软；运用于嫩茎类蔬菜，要求鲜脆柔润。一般来说，用于腌渍的卤水叫生卤水，有血卤和清卤之分；用于加热的卤水叫熟卤水，有白卤和红卤之别。卤法的代表菜品主要有"水晶肴肉""苏州卤鸭"等。

4. 汆法

汆法指将鲜嫩原料迅速投入较多热（沸）汤（水）中，变色即熟，调味成菜的方法。在以水为介质的制熟方法中，汆法的制熟速度较快，所取原料必须保持鲜美，且料形为片、丝或茸胶所制小球体之状，是制汤的专门方法之一。在汤质上有清汤与浓汤之分，制清汤者谓之清汆，制浓汤者谓之浓汆。

氽法的代表菜品有"出骨刀鱼圆""榨菜腰片汤"等。

5. 涮法

涮法指用筷子夹细嫩薄小的原料在沸汤中搅动浸烫至熟，边烫边吃的加工成菜方法。涮法需用特制的锅具——涮锅。涮时，汤在锅中沸腾，食客边烫边吃。涮菜通常将各种原料组配齐全，置于涮锅周围，并辅以各种调味小碟，供食者自主选择。涮锅又称火锅，其涮品因主料而定，如"羊肉涮锅""毛肚涮锅""山鸡涮锅"等。

6. 熬法

熬法指将具有薄质流动性质的原料入锅，缓慢加热，使之内部风味尽出，水分蒸发，逐渐黏稠至汤菜融合的制熟成菜方法。熬法所用的原料一般为生性动物类小型原料与含粉质丰富的茸泥状原料。熬法需通过较长时间加热，使这些原料出味并被收稠卤汁。熬法的代表菜品有"蜜汁蕉茸"等。

7. 烧法

烧法指将原料炸、煎、煸、煿等预热加工后，入锅加水再经过煮沸、焖、熬浓卤汁三个阶段，使菜品软烂香醇的制熟成菜方法。烧法是中国烹饪热加工极为重要的方法之一。其取料十分复杂而广泛，风味厚重醇浓，色泽鲜亮，在菜的卤汁方面，要求"油包芡，芡包油"。在加热的三个阶段中，煮沸是提温，焖制是恒温，熬制是收汤。这种对火候的控制反映出烧法制熟过程的曲折变化。烧法主要分为煎烧、煸烧、炸烧、原烧和干烧，代表菜品有"白果烧鸡""白汁鼋鱼"等。

8. 扒法

扒法指在烧、蒸、炖的基础上进一步将原料整齐排入锅中或扣碗加热至酥烂覆盘并勾以流芡的制熟成菜方法。扒菜原料一般使用高级山珍海味、整只肥禽、完整畜蹄、完整畜头、完整畜尾，蔬菜则选用精选部分，如笋尖、茭白、蒲菜等。扒法在色泽上有红扒、白扒之分；在形式上有整扒、散扒之别；在加热方法上可分为锅扒和笼扒两种。扒法是大菜的主要制熟方法，在宴席菜品中具有显要的地位。扒法的代表菜品有"红扒大马参""蛋美鸡"等。

9. 烩法

烩法指将多种预热的小型原料同入一锅，加鲜汤煮沸，调味勾芡的制熟成菜方法。烩具有锅中原料汇合之意，其加热过程虽与煮无异，但在原料的预热和勾芡用法方面是有差异的。烩法的代表菜品有"什锦烩鲜蘑"等。

10. 焖法

焖法指将经炸、煎、煸、焯预熟的原料置于砂锅中，兑汤调味密闭，再经煮沸、焖熟、熬收汤汁三个过程，使原料酥烂、汤浓味香的制熟成菜方法。焖实际上是指加热中恒温封闭的阶段，侧重于原料焖熟所形成的酥烂效果。从形式上看，焖法就是烧法在砂锅中的移植，但焖法的成品效果与烧菜具有明显区别。依据调味与色泽，焖法可分为红焖、黄焖和原焖。焖法的代表菜品有"黄焖鸡翅""原焖鱼翅"等。

（五）气态介质导热制熟法

1. 烤法

烤法指运用燃烧和远红外烤炉所散射的热辐射能直接对原料加热，使之变性成熟的成菜方法，也常用于点心的制熟。中国的烤法较为复杂，将烤菜风格表现得淋漓尽致，从整牛、整羊到整禽、整鱼，再到肉类或豆腐，可用原料广泛。烤法有明炉烤和暗炉烤之分，明炉烤是指用敞口式火炉或火盆对原料进行烤制，又可分为叉烤、串烤、网烤、炙烤等；暗炉烤是指使用可以封闭的烤炉对原料进行烤制，包括挂烤、盘烤等。烤法的代表菜品有"北京烤鸭""叉烤酥方"等。

2. 熏法

熏法指将原料置于锅或盆中，利用熏料不充分燃烧升发的热烟制熟成菜的方法，这是食品保藏的重要方法之一。在烹饪工艺中，熏是直接制熟食物成为菜肴的一种方法，制熟后即可食用，因此，在熏料上更注重选择具有香味性质的软质或细小材料，常用的有樟木屑、松柏枝、茶叶、米锅巴、甘蔗渣、糖等。根据使用工具的不同，熏分为室熏、锅熏、盆熏三种。熏法的代表菜品有"生熏白鱼""樟茶鸭"等。

3. 蒸法

蒸法指将原料置于笼中直接与蒸汽接触，在蒸汽的导热作用下变性成熟的成菜方法。作为一个独立的制熟成菜方法，蒸法主要指干蒸，即所蒸制的菜点不加汤水掩面，成品汤汁较少或无汁（点心）。在蒸制过程中，根据具体原料的不同对温度和时间一般采用四种控制形式，即旺火沸水圆汽的强化控制、中火沸水圆汽的普通控制、中火沸水放汽的有限控制和微火沸水持汽的保温控制。蒸法的代表菜品有"清蒸鲈鱼"等。

第二节　中国烹饪的风味流派

中国烹饪风味流派的成因包含地理环境和气候物产的作用、宗教信仰和风俗习惯的熏陶、历史变迁和政治形势的影响、权威与名士倡导的促成、文化气质和美学风格的孕育等。

从历史发展、文化积淀和风味特征来看，在地方风味中，首先应提出的是四大菜系，即长江下游地区的苏（淮扬）菜系、黄河流域的鲁菜系、珠江流域的粤菜系和长江中上游地区的川菜系。其他地方风味流派的形成与发展离不开四大菜系的影响。

中国烹饪有三大面点流派，分别是京式面点、苏式面点和广式面点。除三大面点流派之外，另有八种小吃帮式。

一、烹饪风味流派的成因

中国烹饪风味流派的形成是一个复杂而多元的过程，它深受地理环境、历史文化、社会经济以及民族习俗等多重因素的影响。

（一）地理环境的影响

中国地域辽阔，地理环境多样，这为各地烹饪风味流派的形成提供了丰富的物质基础。不同地区的气候条件、水土资源和物产种类，直接影响着当地食材的种类和口感。例如，沿海地区海鲜资源丰富，因此海鲜成为当地烹饪的重要食材，形成了独特的海鲜烹饪风味；而内陆地区则以畜牧业和农业为主，肉类和蔬菜成为主要的烹饪原料。这种地域性的食材差异，为各地烹饪风味流派的形成奠定了基础。

此外，地理环境还影响着人们的饮食习惯和口味偏好。在湿热地区，人们往往偏爱酸辣口味以开胃解暑；而在寒冷地区，则更倾向于浓郁的口味以抵御寒冷。这些饮食习惯和口味偏好的差异，进一步塑造了各地的烹饪风味。

（二）历史传承

中国是一个历史悠久的文明古国，饮食文化源远流长。这一点可以从记载于历代文献中的数以万计的菜点品种上得到充分体现。然而，在历史长河中，很多菜点品种早已销声匿迹，流传至今的菜点皆因其生命力之顽强而得以保留。如果对这些传统菜点的源头进行研究，则会发现，它们多分属于历史上的宫廷菜、官府菜、寺院菜和市肆菜。立足于今天的角度而论，这些菜点由于增加了历史的光泽而淡化了常见菜品："拨霞供"早先是寺院菜，如今也演变成不同区域、不同风格的火锅、涮锅；而民间的小窝头却成了一道颇具特色的宫廷菜，诸如是例，不一而足。这些菜点如同一曲酣畅欢腾的交响乐，和谐交奏，相激相荡，从某种意义上说，这正是中国烹饪不断丰富、发展、自我完善之历程的主旋律。

（三）社会经济的推动

社会经济的发展对中国烹饪风味流派的形成起到了重要的推动作用。随着社会的不断进步和经济的繁荣发展，人们的饮食需求也日益多样化。为了满足不同消费者的口味需求，各地的烹饪技艺和风味也在不断创新和发展。

例如，随着城市化进程的加快和人们生活水平的提高，现代人对饮食的要求越来越高。这不仅体现在对食材的新鲜度、口感和营养价值上，还体现在对烹饪技艺和风味的追求上。因此，各地的烹饪师们不断探索新的烹饪方法和调味技巧，以满足消费者的口味需求。这种社会经济的推动作用，使各地的烹饪风味流派更加丰富多彩。

（四）民族习俗的融入

中国是一个多民族的国家，各民族在饮食文化上有着独特的习俗和传统。这些民族习俗的融入，也为中国烹饪风味流派的形成增添了独特的色彩。

例如，蒙古族人民以畜牧业为生，因此他们的饮食中以肉类为主，形成了独特的蒙古族烹饪风味。苗族人民则善于利用当地的野菜和山珍进行烹饪，形成了独具特色的苗族菜肴。这些民族习俗的融入，不仅丰富了中国的烹饪风味流派，还展现了中华民族的多元文化和包容性。

综上所述，中国烹饪风味流派的形成是地理环境、历史文化、社会经济及民族习俗等多重因素共同作用的结果。这些因素相互交织、相互影响，共同塑造了中国烹饪的多样性和独特性。在未来的发展中，我们应该继续传承和发扬这些独特的烹饪风味流派，让更多的人品尝到中华美食的博大精深。同时，也要不断创新和改进烹饪技艺和风味，以满足现代人对饮食的更高追求。

二、烹饪风味流派的认定

中国烹饪风味流派是一个客观存在的事物，必然有着量的要求与质的规定。从历史和现状考察，凡社会认同的烹饪风味流派，一般都应达到如下标准。

①选料上有地方特色：烹饪风味流派的表现形式是菜点，菜点只有依赖原料才能制成。如果原料上具有地方性，菜点风味往往别具一格。像北京烤鸭、湖北清蒸武昌鱼、广东蚝油牛肉、四川麻婆豆腐等，皆属此类。

②工艺技法独到：烹调工艺是形成菜品风味特色的重要手段。不少菜系闻名遐迩，正是得益于在炊具、火功或味型上有绝招。例如，山东的汤菜、安徽的炖菜、山西的面条、江苏的糕团，都在加工手段上有其独到的功夫。

③具备多款菜点组成宴席：所谓独木不成林，具备多款名菜美点才能形成不同规格的宴席。特色菜点的数量也是衡量烹饪风味流派的一项具体指标。

④地方特色浓郁鲜明：融入菜点中的地域性，是烹饪风味流派的精髓。地域性常通过地方特产、地方风物、地方语汇、地方礼俗来显现。

⑤有深厚广泛的群众基础：烹饪风味流派不能自封，能否成立，关键在于相应餐馆的数量、人们的喜好及社会舆论。

⑥有历史的积淀：烹饪风味流派的孕育，少则几十年，多则上千年。只有久经考验，才能日臻成熟，逐步趋于完善。

三、中国烹饪的风味流派

中国烹饪的风味流派众多，每一种流派都有其独特的风味和特色。这里我们主要探讨中菜和中点的风味流派。

（一）中菜主要流派

1. 四大菜系

从历史发展、文化积淀和风味特征来看，在地方风味中，首先应提出的是四大菜系，即长江下游地区的苏菜、黄河流域的鲁菜、珠江流域的粤菜和长江中上游地区的川菜。

（1）苏菜

苏菜，是中国长江下游地区的著名菜系，发展历史悠久，文化积淀深厚，具有鲜明的江南特色。苏菜以物产富饶而称雄，水产尤其丰富，如南通的竹蛏、如东的文蛤等。内陆水网如织，水产更是四时有序，联翩上市。加上土地肥沃，气候温和，粮油珍禽，干鲜果品，罗致备极，一年四季，芹蔬野味，品种众多，从而使菜品风味生色生香，味不雷同而独具鲜明的地方特色。苏菜包括四大风味，分别是淮扬风味、苏锡风味、金陵风味、徐海风味。

淮扬风味，以扬州、两淮（淮安、淮阴）为中心，以大运河为主干，南起镇江，北至洪泽湖，东及沿海。一般认为淮扬菜的风味特点是清淡适口，主料突出，刀工精细，适应面较广。制作的江鲜、鸡类菜品很著名，肉类菜品名目之多，居各地方菜之首。

苏锡风味，包括苏州、无锡一带，西到常熟，东到上海、松江、嘉定都在这个范围内。苏锡菜中鱼馔很著名，有"松鼠鳜鱼""清蒸鲥鱼""煮糟青鱼""响油鳝丝""碧螺虾仁""白汤鲫鱼""原焖鱼翅"等名菜。一般认为苏锡菜的风味特点是甜出头，咸收口，浓油赤酱，近代其风味已向清新雅丽方向发展，甜味减轻。

金陵风味，是指以南京为中心的地方风味。金陵菜兼取四方之美，适应八方之需，以滋味平和、醇正适口为特色，尤擅烹制鸭馔，"金陵叉烤鸭""桂花盐水鸭""南京板鸭"等菜品颇具盛名。

徐海风味，是指徐州、连云港一带的地方风味。一般表述徐海菜以鲜咸为主，风格淳朴，注重实惠，名菜别具一格。徐海菜的代表名菜有"霸王别姬""沛公狗肉""羊方藏鱼""红烧沙光鱼"等。

（2）粤菜

粤菜起源于秦汉时期的南越，以珠江三角洲、潮汕平原为其主要根据地，影响力遍及整个岭南地区、香港和澳门，并且远播至东南亚和欧美。粤菜的形成也有着悠久的历史，自秦始皇南定百越，建立"驰道"，岭南与中原联系加强，文化教育经济也有了广泛的交流。汉代南越王赵佗，五代时南汉高祖刘䶮均推行睦邻友好政策，北方各地的饮食文化与其交流频繁，官厨高手也把烹调技艺传于当地同行，促进了岭南饮食烹饪的改进和发展。汉魏以来，广州成为中国南方大门和与海外各国通商的重要口岸，唐朝异域商贾大批进入广州，刺激了广州饮食文化的发展。南宋时，京都南迁，大批中原士族南下，中原饮食文化融入了南方的烹饪技术。明清之际，粤菜广采"京都风味""淮扬风味"和西餐之长，使其在各大菜系中脱颖而出，名扬四海。除历史因素外，粤菜的生成环境也是一个不可忽视的重要因素。广东地处中国东南沿海，山地丘陵，岗峦错落，河网密集，海岸群岛众多，海鲜品种多而奇。因此原料不仅丰富，而且很有特色。粤菜用料因而广博奇异，除鸡、鸭、鱼、虾外，还善用蜗牛、蚕蛹，鲮鱼、鲈鱼、鲟龙鱼、鳜鱼、石斑鱼、对虾、海蜇、海螺等。植物类原料如蔬菜、瓜果更是四季常青。在调味品方面，除一些各地共同使用的常用调料外，粤菜中的蚝油、鱼露、柱侯酱、沙茶酱等都是独具一格的地方调味品。悠久的历史，丰富的物产，为粤菜的形成与发展提供了必要的前提条件。粤菜由广州菜（含肇庆、韶关、湛江）、潮州菜（含汕头）、东江菜（即客家菜）、港式粤菜（又叫新派粤菜或西派粤菜）四个分支构成。粤菜的风味特色是：生猛、鲜淡、清美；用料奇特而又广博，技法广集中西之长，趋时而变，勇于创新；点心精巧，大菜华贵，富于商品经济色彩和热带风情。粤菜的代表名菜有蚝油网鲍片、大良炒牛奶、白云猪手、白切鸡、烧鹅、烤乳猪、红烧乳鸽、蜜汁叉烧、脆皮烧肉、上汤焗龙虾、清蒸东星斑、鲍汁扣辽参、白灼象拔蚌、椒盐濑尿虾、白灼虾、椰汁冰糖燕窝、木瓜炖雪蛤、干炒牛河、广东早茶、老火靓汤、罗汉斋、广州文昌鸡、煲仔饭、支竹羊腩煲、萝卜牛腩煲、豉汁蒸排骨、鱼头豆腐汤、菠萝咕噜肉、蚝油生菜、豆豉鲮鱼油麦菜、上汤娃娃菜、盐水菜心、香煎芙蓉蛋、香芋扣肉、龙虾烩鲍鱼、米网榴莲虾、麒麟鲈鱼、姜葱焗肉蟹、玫瑰豉油鸡、牛三星、牛杂、虾饺、云吞面、艇仔粥、荷叶包饭、碗仔翅、流沙包、糯米鸡、钵仔糕等。

（3）鲁菜

鲁菜起源于春秋战国时期的齐国，从鲁西北平原向胶州湾推进，影响京津、华北和关外以及黄河中上游的部分地区。鲁地开化很早，是中华民族灿烂文化的发祥地，饮食文化和烹饪技艺随着文化的发达而源远流长、独树一帜。鲁菜的形成和发展，不仅因为山东历史悠久，还因为地理环境良好，物产资源十分丰富，山东地处黄河下游，气候温和，胶东半岛突出于黄海和渤海之间，水产品种多样，且因其名贵而驰名中外，如海参、对虾、加吉鱼、鲍鱼、扇贝、海螺、鱿鱼、黄河鲤鱼、泰山赤鳞鱼等皆为地产名品。至于时蔬瓜果，种类繁多，质量上等，如胶州大白菜、章丘大葱、烟台苹果和樱桃、莱芜生姜、莱阳梨等。此外，山东的调味品也享有盛誉，如济南酱油、即墨老酒等。这一切为鲁菜的生成与发展奠定了丰厚的物质基础。鲁菜由济宁风味（含曲阜）、济南风味（含德州、泰安）、胶东风味（含福山、青岛、烟台）3个分支构成。鲁菜的风味特色是：鲜咸、纯正、葱香突出；重视火候，善于制汤和用汤，海鲜菜尤见功力；装盘丰满，造型大方，菜名朴实，敦厚庄重；受儒家学派饮食传统的影响较深。鲁菜的代表性名菜有德州脱骨扒鸡、九转大肠、清汤燕菜、奶汤鸡脯、泰安豆腐、一品豆腐、葱烧海参、白扒四宝、糖醋黄河鲤鱼、油爆双脆、扒原壳鲍鱼、油焖大虾、醋椒鱼、糟熘鱼片、芫爆鱿鱼卷、清汤银耳、木樨肉（木须肉）、胶东四大拌、糖醋里脊、红烧大虾、枣庄辣子鸡、清蒸加吉鱼、把子肉、葱椒鱼片、糖酱鸡块、奶汤蒲菜、锅烧鸭、香酥鸡、黄鱼豆腐羹、拔丝山药、蜜汁梨球、砂锅散丹、布袋鸡、芙蓉鸡片、汆芙蓉黄管、雨前虾仁、黄焖鸡块、锅塌黄鱼、奶汤鲫鱼、烧二冬、泰山三美汤、汆西施舌、烩两鸡丝、象眼鸽蛋、油爆鱼芹、油炸全蝎等。

（4）川菜

川菜以四川盆地为生成基地，影响云贵高原和藏北、湘、鄂、陕边界。川菜技艺是巴蜀文化的重要组成部分，它发源于古代的巴国和蜀国，萌芽于西周和春秋时期，形成于战国时期至秦代。川菜的发展有着自然条件的优势。川地位于长江中上游，四面皆山，气候温湿，烹饪原料丰富多样。川地江河纵横，水源充沛，水产品种特异，如江团、肥沱（圆口铜鱼）、腊古鱼（胭脂鱼）、东坡墨鱼（墨头鱼）等，质优而名贵。山岳深丘中盛产野味，如虫草、竹荪、天麻等。调味品更是多彩出奇，如自贡的川盐、阆中的保宁醋、内江的糖、永川的豆豉、德阳的酱油、茂汶的花椒等。这些特产为川菜的发展提供了必要而特殊的物质基础。川菜由成都菜、重庆菜、自贡菜等构成。川菜的风味特色是：选料广泛，精料精做，工艺有独创性，菜式适应性强；清鲜醇浓并重，以善用麻辣著称；雅俗共赏，居家饮膳色彩和平民生活气息浓烈。川菜的代表性名菜有宫保鸡丁、樟茶鸭、麻婆豆腐、清蒸江团、干烧岩鲤、河水豆花、开水白菜、家常海参、鱼香腰花、干煸牛肉丝、峨眉山雪魔芋、鱼香肉丝、水煮肉片、夫妻肺片、回锅肉、泡椒凤爪、灯影牛肉、口水鸡、香辣虾、尖椒炒牛肉、重庆火锅、板栗烧鸡等。

2. 其他地方风味流派

其他地方风味流派的形成与发展离不开四大菜系的影响。在与之相应的菜系影响之下，许多地方形成了风味相对独特、发展比较稳定的地方性特征。

（1）北京菜

北京菜起源于金、元、明、清的御膳、官府和食肆，受鲁菜、满族菜、清真风味、江南名食的影响较大，波及天津和华北。北京菜的风味特色是：选料考究，调配和谐，以爆、烤、涮、扒见长；酥脆鲜嫩，汤浓味足，形质并重，名实相符；菜路宽广，品类繁多。北京菜的代表名菜主要有北京烤鸭、涮羊肉、三元烧头牛、黄焖鱼翅、一品燕菜、八宝豆腐等。

（2）上海菜

上海菜起源于清代中叶的浦江平原，后受到各地帮口和西餐的影响，特别是受淮扬菜的影响最大，成为今天的海派菜，其影响波及全国，近年来在海外也有很高声誉。上海菜的风味特色是：精于红烧、生煸和糟卤，浓油酱赤，汤醇卤厚，鲜香适口，重视本味。上海菜的代表名菜主要有八宝鸭、清炒素蟹粉、下巴划水等。

（3）东北菜

东北菜起源于辽金时期的契丹与女真部落，植根于东北大地，后受鲁菜影响并向东北平原扩展。东北菜的风味特色是：用料突出，脂滋多咸，汁宽芡亮，焦酥脆嫩，形佳色艳。东北菜的代表名菜有红梅鱼肚、鸡锤海参、猴头飞龙、锅包肉等。

（4）陕西菜

陕西菜起源于周秦时期的关中平原，活跃在渭水两岸，扩展于陕南陕北，对晋、豫和大西北都有影响。陕西菜的风味特色是：以香为主，以咸定味，料重味浓，原汤原汁，肥浓酥烂，光滑利口。陕西菜的代表名菜有奶汤锅子鱼、遍地锦装鳖、金钱酿发菜、温拌腰丝、红烧金鲤等。

（5）安徽菜

安徽菜起源于汉魏时期，中心在歙县，因商而彰，餐馆遍及三大流域的重镇。安徽菜由皖南风味（含歙县、屯溪、绩溪、黄山）、沿江风味（含安庆、铜陵、芜湖、合肥）、沿淮风味（含蚌埠、宿州、淮北）3个支系构成。安徽菜的风味特色是：擅长制作山珍海味，精于烧炖、烟熏和糖调；重油、重色、重火力，原汁原味。安徽菜的代表名菜有无为熏鸡、屯溪臭鳜鱼、八公山豆腐、软炸石鸡、毛峰熏鲥鱼、酥鲫鱼、金雀舌、葡萄鱼、椿芽拌鸡丝等。

（6）浙江菜

浙江菜起源于春秋时期的越国，活动中心在杭州湾沿岸，波及浙江全境。

浙江菜由杭州风味（以西湖菜为代表）、宁波风味、绍兴风味、温州风味4个分支构成。浙江菜的风味特色是：鲜嫩、软滑、精细，注重原味，鲜咸合一；擅长烹制海鲜、河鲜与家禽，富有鱼米之乡风情；形美色艳，掌故传闻多，饮食文化的格调较高。浙江菜的代表名菜有西湖醋鱼、东坡肉、泥焗童鸡、冰糖甲鱼、蜜汁火方、干炸响铃、双味蝤蛑、龙井虾仁、芥菜鱼肚、西湖莼菜汤等。

（7）湖南菜

湖南菜起源于春秋时期的楚国，以古长沙为中心，遍及三湘四水，京、沪均能见其踪迹。湖南菜由湘江流域风味（含长沙、湘潭、衡阳）、洞庭湖区风味（含常德、岳阳、益阳）、湖南山区风味（含大庸、吉首、怀化）3大分支构成。湖南菜的风味特色是：以水产品和熏腊原料为主体，多用烧、炖、腊、蒸诸法；咸香酸辣，油重色浓；姜豉突出，丰盛大方；民间肴馔别具一格，山林和水乡气质并重。湖南菜的代表名菜有腊味合蒸、冰糖湘莲、麻仔鸡、潇湘五元龟、翠竹粉蒸鱼、红椒酿肉、牛中三杰、发丝百页、霸王别姬、五元神仙鸡、芙蓉鲫鱼等。

（8）福建菜

福建菜起源于秦汉时期的闽江流域，以闽侯县为中心向四方传播，流传东南亚与欧美。福建菜由福州风味（含闽侯）、闽南风味（含泉州、漳州、厦门）、闽西风味（含三明、永安、龙岩）3个分支构成。福建菜的风味特色是：清鲜、醇和、荤香、不腻；重淡爽、尚甜酸，善于调制珍馔；汤路宽广，佐料奇异，有"一汤十变"之誉。福建菜的代表名菜有佛跳墙、龙身凤尾虾、淡糟香螺片、鸡汤氽海蚌、太极芋泥、芙蓉鲟、七星丸、玉兔睡芭蕉、通心河鳗、梅开二度、四大金刚等。

（9）湖北菜

湖北菜起源于春秋时期楚国都城郢都（今江陵），孕育于荆江河曲，曾影响整个长江流域和岭南，部分菜品传入相邻省区。湖北菜由汉沔风味（含武汉、孝感）、荆南风味（含荆州、沙市和宜昌）、襄郧风味（含随州、襄阳和十堰）、鄂东南风味（含黄石、黄冈和咸宁）、鄂西土家族山乡风味（以恩施为中心）5个分支构成。湖北菜的风味特色是：水产为主，鱼菜为本；擅长蒸、煨、炸、烧、炒，习惯于鸡鸭鱼肉蛋奶合烹；汁浓芡亮，口鲜味醇，重本色，重质地。湖北菜的代表名菜主要有清蒸武昌鱼、冬瓜蟹裙羹、鸡泥桃花鱼、钟祥蟠龙等。

（10）河南菜

河南菜起源于商周时期的黄淮平原，以安阳、洛阳、开封三大古都为依托，向中原大地延展，波及京、杭甚至台湾。河南菜由郑州风味、开封风味、洛阳风味、南阳风味、新乡风味、信阳风味 6 个分支构成。河南菜的风味特色是：重视火工与调味，鲜咸微辣，菜式大方朴实，特别是中州小吃自古有名。河南菜的代表名菜有软熘黄河鲤、铁锅蛋、清蒸白鳝、琥珀冬瓜、烧臆子等。

（二）中点主要流派

1. 三大面点流派

面点是以米、麦、豆、薯等为主料，肉品、蛋奶、蔬果、调味品等为辅料，通过制坯、包馅、成形、熟制等工序制成的食品。面点包括中点和西点、饭食和糕点、筵宴点心、日常小吃和节令小吃、通行面点和地方专有面点，以及历史名点、祭点、礼点、民族点心和饮誉四海的"特色细点"等。面点的特色是：历史悠久，品种丰富，帮式众多，宜时当令，可塑性强。

（1）京式面点

京式面点以北京为中心，波及天津、山东、山西、河北与河南，辐射东北、西北等地。京式面点因其流传地域广，故又称"华北面食"或"北方面食"。

京式面点多以小麦粉作为主料，擅长调制各种面团，尤精于手工制作面条，有"四大名面"（抻面、刀削面、小刀面、拨鱼面）传世。京式面点的风味特色是：面团多变，馅心考究，造型古朴，制熟方法多样；质感润滑，柔韧筋道，鲜咸香美，软嫩松泡。

京式面点的代表品种有：北京的龙须面、小窝头、艾窝窝（糯米、芝麻、桃仁、青梅、白糖等制成）和肉末烧饼；天津的狗不理包子、耳朵眼炸糕和十八街麻花；山东的蓬莱小面、盘丝饼和状元饺；山西的刀削面、头脑（又名八珍汤或十全大补汤，用羊肉、山药、莲藕、面粉等煮制）和拨鱼儿（用竹筷将面团拨成小鱼状煮熟）；河北的杠子馍、饶阳金丝杂面和一篓油水饺；河南的沈丘贡馍、博望锅盔和武陟油茶（芝麻、花生、核桃、干面粉、香料等用油炒熟，开水冲食或煮食）；陕西的牛羊肉泡馍和甑糕；内蒙古的奶炒米和哈达饼等。

（2）苏式面点

苏式面点以江苏为中心，波及上海、浙江、安徽、江西等地，辐射湖北和湖南。苏式面点因其流行地域主要是长江中下游，故又称为"华东面食"或"下江面食"。

苏式面点兼用米面与杂粮，擅长调制糕团、豆品、茶点与船点，造型精巧，富有生活情趣。苏式面点的共同特色是：口味浓郁，色深略甜，馅心讲究，名称秀丽，形态艳美，精巧玲珑。

苏式面点的代表品种有：江苏的淮安文楼汤包、扬州富春三丁包、苏州糕团和无锡太湖船点；上海的南翔馒头、排骨年糕和小绍兴鸡粥；浙江的虾爆鳝面、宁波汤圆和五芳斋粽子；安徽的黄豆肉馃、马饭团和笼糊；江西的信丰萝卜饺、黄元米馃；湖北的三鲜豆皮和热干面；湖南的和记牛肉米粉和姊妹团子等。

（3）广式面点

广式面点以广东为中心，辐射广西、海南、香港、澳门、福建、台湾等地。广式面点因其流传地域主要是珠江流域和东南沿海，故又称"华南面食"或"闽粤面食"。

广式面点善用薯芋和鱼虾作坯料，其茶点与席点久负盛名，富有独特文化情韵。广式面点的风味特色是：讲究形态、花式与色泽，四季多变；油、糖、蛋、奶用料重，馅心晶莹；造型纤巧，口感香滑。

广式面点的代表品种有：广东的叉烧包、虾饺、沙河粉和艇仔粥；广西的马肉米粉、靖江大年粽；海南的竹筒饭、云吞和芋角；港澳的水饺面、马拉糕和椰蓉饼；福建的鼎边糊和蚝仔煎。

2. 八种小吃帮式

小吃又叫小食，指除正餐和主食之外，用于充饥、消闲的制品。小吃是面点中的一大系列，其特色是，用料荤素兼备，价廉物美，常在街头销售，地方风味浓郁，食客众多。

（1）北京小吃

北京小吃始于辽金，至元初见雏形，明清日趋丰实。北京小吃包括汉民风味小吃、回民风味小吃和宫廷风味小吃三大类，有荤素、甜咸、干湿、冷热之分，共300余种，集中在隆福寺、西四牌楼、大栅栏、天桥和王府井一带供应。

北京小吃的风味特色是：第一，应时当令，适应节俗。春有艾窝窝和驴打滚，夏有杏仁豆腐和漏鱼，秋有栗子糕和烤白薯，冬有羊肉杂面和盆糕。第二，用料广博，品种丰富，如豆类制品有近10种，烧饼有10多种，佐配料有100余种。第三，技法多样，工艺精巧。第四，奶茶铺众多，专门供应奶酪、奶干、奶卷、奶饽饽等。

北京汉民小吃的代表品种有：都一处的三鲜烧卖、天仙居的炒肝、馄饨侯的馄饨和景泉居的苏造肉。北京回民小吃的代表品种有：老豆腐配火烧、馅饼配小米粥、豆汁配咸菜等。北京宫廷小吃的代表品种有：豌豆黄、芸豆卷、肉末烧饼和栗子糕。

（2）天津小吃

天津小吃孕育于宋元，成熟在明清，随天津兴盛而兴盛。民国初年出现五个小吃摊群，异常红火。

天津小吃的风味特色是：第一，面食占多数，选料广而精，小吃资源雄厚，四时品种不同；第二，五方杂处，广集南北小吃技艺之精华，制作精细且严格；第三，档次分明，各味兼备，有北方滨海商会的特殊气质；第四，经营方式灵活，网点成片，早市、午市和夜市兴隆。

天津小吃的代表品种有：狗不理包子、桂发祥大麻花、耳朵眼炸糕、贴饽饽熬小鱼、嘎巴菜、炸蚂蚁、五香驴肉、全羊汤等。

（3）山东小吃

山东小吃始于汉代，北魏的《齐民要术》已见记载，唐宋不断增添品种，明清形成体系。现今品种多达数百种，有民间小吃、肆食小吃、宴席小吃等系列。

山东小吃的风味特色是：第一，大多源自民间，与当地物产、生活习俗和气候相关；第二，技法多达10余种，各种面团齐备，馅心形形色色；第三，物美价廉，城乡随处可见；第四，制作时明堂亮灶，常以精妙绝活吸引路人观赏。

山东小吃的代表品种有：周村酥烧饼、蓬莱小面、单县羊肉汤、福山拉面、鸡肉糁、甜沫、潍坊朝天锅等。

（4）山西小吃

山西小吃始于汉唐，兴在宋元，形成晋式面点、山西小吃和山西面饭三大系列，共有500多个品种。其花样之繁，功力之深，为全国之最，向有

"世界面食在中国，中国面食在山西，山西面食在太原"之说。

晋式面点，注重色味质感，讲究看好吃香，调配认真，做工精细。传统品种有金丝一窝酥、麻仁太师饼、天花鸡丝卷、火腿萝卜饼等百余种。

山西小吃，品种多样，季节性强，黄土高原情韵浓厚，有莜面搓鱼、太谷饼等百余种。

山西面饭，乃山西小吃之精华，集中国"面饭"（以面食为正餐之意）之大成。山西面饭的特色是：第一，米麦豆薯，皆可制作，面团多达 20 余种；第二，花式繁多，技面团多达 20 余种；第三，花式繁多，技法奇绝，有拉面、削面、拨鱼、蘸尖等 100 余种；第四，制熟方法多样，煮、炸、炒、焖、蒸、煎、烩、煨，应有尽有；第五，浇头（指浇料、浇酱、浇汁、浇卤等）有 7 大类、100 余种；第六，面码（面条上加臊子，如肉丝、鸡蛋之类）和小料（调味碟），因面而变，四季有别。山西面饭的代表品种有太谷流尖菜饭、吕梁山药合冷、雁北莜面饺子等。

山西小吃中还有不少全国罕见的品种，如栲栳（即莜面窝窝）、漂抿曲以及"面人""面羊"等富有黄河流域传统文化色彩和民间生活喜庆气息的"礼馍"。

（5）上海小吃

上海小吃始自南宋，最早出现的是春卷、栗粽；明清时期，又推出烧卖、薄荷糕等高档品种。现今又有城隍庙小吃、高桥糕饼等系列，有较高知名度。

上海小吃的风味特色是：第一，品种丰富，兼具南北风味，多达 700 余款，杏花楼月饼、乔家栅糕团等脍炙人口；第二，选料严谨，工艺精细，如制作桂花薄荷糖油馅心有近 10 道工序，迷你火腿粽子仅有拇指大小；第三，适应节令，因时变更，春有汤团，夏有凉面，秋有蟹粉小笼，冬有羊肉煮面；第四，供应方便，摊点密布，"小吃群"林立。

上海小吃的代表品种有生煎馒头、南翔小笼馒头、桂花拉糕、排骨年糕、菜肉大馄饨、八宝酥盒、鸡鸭血汤、鸽蛋圆子、面筋百页、粢饭糕、阳春面等。

（6）江苏小吃

江苏小吃起源于先秦时期的吴越，历经百代而不衰，享有"金陵小食，美甲天下"的美誉。江苏小吃包括扬州富春茶点、南京夫子庙小吃、苏州观前街小吃、无锡太湖船点、南通小吃等支系，品种多达千余种。

江苏小吃的风味特色是：第一，原料多用花卉、海鲜和野菜，口感清鲜，风味别致；第二，制作精细，造型玲珑，注重原汁配汤，松软爽口；第三，有浓厚的市民饮食文化特色。

江苏小吃的代表品种有三丁包子、茶馓、煮干丝、水晶肴肉、五香回卤干、梨膏糖、酱螺蛳、猪油年糕、青蒿团等。

（7）川渝小吃

川渝小吃始于汉魏，兴于唐宋，成熟在明清，包括成都、重庆、自贡、乐山、绵阳、南充、宜宾、内江、泸州等，是西南风味小吃的典型代表。

川渝小吃的风味特色是：第一，用料广泛，从米麦豆薯到鸡鸭鱼肉，从蛋奶蔬果到山菜野味，无不取之，特别是豆、薯的利用，有创造性；第二，技法全面，品种多样，技法有 10 余种，品种有数百，还有独一无二的"宜宾燃面"；第三，注重传统工艺，多以创制者的姓氏命名，如龙抄手、钟水饺、赖汤圆、马红苕、高豆花等都秉承古法，一丝不苟；第四，善于调制复合味，味型多达几十种，与川菜异曲同工；第五，有零吃、套餐、小吃等，都以"老字号"为招牌，吸引食客。

川渝小吃的代表品种有担担面、火边子牛肉、广汉三合泥等。

（8）广东小吃

广东小吃起源于唐宋，元明有较大发展，清代尤盛。广东小吃包括油品、糕品、粉面品、粥品、甜品、杂食六类，其中面皮有四大类 23 种，馅有三大类 47 种，共有点心 2000 余种，品类之多，为各省区之最。

广东小吃的风味特色是：第一，糖、油、蛋、奶下料重，酥点居多；第二，微生物发酵与化学剂催发并用，质地异常松软；第三，馅料重用鱼虾鸡鸭和花卉果珍，味鲜且香；第四，依据节令上市，四季界限分明；第五，款式新颖，型制纤巧，名贵高档；第六，命名典雅，多为五字，富有画意诗情。

广东小吃的代表品种有蚝油叉烧包、薄皮鲜虾饺、生磨马蹄糕、五彩皮蛋酥、绿茵白兔饺、陶陶居月饼、煎堆、沙河粉、艇仔粥、粉果等。

此外，还有湖北小吃、湖南小吃、辽宁小吃、新疆小吃、陕西小吃、河南小吃、云南小吃、台湾小吃等。

第三节　中国烹饪生产管理和产品销售

中国烹饪生产管理和产品销售，在中国烹饪学科体系中所处的地位较为特殊。它不仅与市场营销的关系很密切，也与烹饪工艺、烹饪文化等问题有着交叉关系。从餐饮企业的角度看，中国烹饪的生产和产品销售过程形成了企业的管理重心，烹饪生产必须兼顾社会效益和经济效益，烹饪产品的质量认定在销售过程中也必然地融入中国烹饪学的方方面面。

一、中国烹饪生产管理特点与要求

（一）中国烹饪生产管理的特点

在餐饮企业中，中国烹饪产品的生产不同于食品加工企业，其生产形式具有四个特点。

1. 生产过程复杂，手工操作比重大

厨房生产需要先后经过烹饪原料的选择、加工、切配、熟制、出菜装盘等不同的工序。每道工序都有不同的要求，加工方法也不一样。从生产管理过程来看，各种烹饪原料的选择、拣洗、涨发、拆卸、粗加工、细加工和制熟，都以手工操作为主，机械设备使用较少。为此，管理人员必须根据企业产品生产的自然属性来安排生产流程，并根据不同风味的菜点来确定加工方法和主料、配料、调料的配制比例，要重视不同工序和各级厨师的手工技艺，才能适应企业生产管理的需要，提高管理水平和产品质量。

2. 烹饪制作及时性强，产品质量比较脆弱

烹饪产品质量是根据食客当时所点的品种和数量或厨师长安排的生产任务即时生产的。生产、销售和消费几乎在同一时间内发生。生产出的烹饪产品在色、香、味、形方面都有很强的时间性，必须马上供顾客享用。因此，厨房生产管理必须十分重视工作效率，重视原料搭配的准确性，坚持即炒即卖，热炒热卖，确保产品质量，才能获得良好的效益。

3. 品种规格不一，毛利有一定幅度

烹饪产品花色品种繁多，不管经营哪种风味，一般都有几十款甚至上百款菜点。这些菜点的花色和风味各不相同，所以毛利率也不一样，为此，厨房生产管理必须控制不同花色与风味的菜点出料率，建立成本核算和价格管理制度，加强毛利考核，以适应各种菜点的规格质量和毛利要求，提高企业生产管理水平。

4. 生产活动影响因素多，生产安排随机性较强

烹饪产品生产受季节、天气、节假日、企业地理位置、游客流量、交通状况、周围环境和地区大型活动等多种因素的影响，一年有淡季、旺季之分，一月有阴晴风雨之别，一周有日常与周末之不同，一日有早午晚三餐，一天之中也有忙闲不均之别。厨房每天、每餐需要生产的产品数量，花色品种，产品规格往往随时变化，具有极强的随机性。为此，厨房生产管理必须每天做好销售记录，掌握各种产品销售的变化规律和客人点菜频率，才能做好计划安排，减少因产品销售的随机性可能带来的经济损失。

（二）中国烹饪生产管理的基本要求

为了确保餐饮企业烹饪产品的风味能适应客人的物质精神享受，厨房生产管理必须遵循以下基本要求。

1. 批量生产烹饪与小锅烹饪结合，坚持热炒热卖

为保证烹饪菜点的风味与质量适应不同客人的消费需求，做到一菜一格，百菜百味，必须根据不同类型的客人来组织厨房生产。其中，大中型团队、会议、宴会等客人，要根据菜单要求，以小批量生产为主，每锅炒菜不允许超过 2~3 盘。冷荤、面点产品要以批量生产为主，单盘装配。零点餐厅必须坚持小锅烹调，热炒热卖。生产过程中，要严格控制各种烹饪产品的主料、配料和调味料，把好营养配菜烹调质量关，合理装盘，保证菜品质量。

2. 坚持销售预测，做好计划安排

菜品的烹制既有菜品销售的随机性，又有菜品质量的脆弱性。为减少这些特性可能带来的厨房生产管理混乱和烹饪原料及人工费用损失，必须以原始记录为基础，分析各种菜点的生产变化规律，逐日、逐周、逐月掌握烹饪产品销售量，做好销售预测。在此基础上，逐期安排生产计划，既为烹饪原料的采购、库存、每日领取提供依据，又为厨房员工的安排与使用提供参考。

3. 克服手工操作的盲目性，实行标准化管理

中国烹饪以手工操作为主，传统的烹饪原料的拣选、分解、加工、切配、上灶烹制、装盘出菜，都随厨师的个人意愿而定，随意性较强，损失浪费也较大。质量好坏也完全取决于厨师的个人技艺与现场发挥。为克服这种生产管理的盲目性，必须实行标准化管理。要根据厨房烹饪工艺流程的特点，分别制定原料加工，净料出成，盘菜用量，主料、配料比率，盘菜成本消耗，

烹调工艺程序等客观标准，并保证标准化管理的贯彻实施，提高厨房生产管理水平。

4. 合理安排员工，发挥技术优势

在不同时间用餐的客人数量不同，厨房生产所需员工也不同；烹饪原料的拣洗、分解、粗加工、配菜、烹制和洗盘洗碗等工种不同，对员工的技术要求也不一样。合理安排人员，发挥技术优势，必须解决好两个问题：一是根据不同时间不同阶段的客人人数预测，安排劳动力的使用，节省人工成本；二是根据不同工种的技术要求，安排工作岗位，突出后锅岗、砧板岗、打荷岗、配菜岗等岗位的专业技术水平，防止"特级厨师不上灶，一级厨师干勤杂"等不合理现象的发生。

二、中国烹饪生产管理

中国烹饪生产管理不仅是餐饮企业业务管理的中心环节之一，也是中国烹饪学科体系的重要组成部分，其基本内容主要有菜单设计、烹饪生产运作管理、烹饪产品成本控制和烹饪生产卫生安全管理等。

（一）菜单设计

菜单是餐饮企业经营者向客人推出的联结客人需求与市场供给的菜点目录，是企业管理的重要依据，也是餐饮市场定位的集中体现。在餐饮市场营销中，菜单一头联系餐饮产品供给，一头联系客人的需求，成为餐饮市场营销的纽带和桥梁。

1. 菜单的分类

菜单根据其分类角度不同有不同的种类。菜单的主要分类方法有以下几种。

（1）按客人用餐的时间划分

①早餐菜单。早餐有中餐、西餐和各国风味餐之别，其中，西餐又有美式早餐和大陆式早餐之分。早餐菜单的特点是菜点内容比较简单，花色品种较少。

②正餐菜单。正餐有午餐和晚餐之分，有些饭店的午餐和晚餐菜单合二为一。正餐菜单的特点是菜点品种齐全，内容丰富，设计美观，富有特色。正餐菜单的具体内容依据中、西风味及各国饮食风味的不同而变化，能够反

映出不同饮食风味的具体特点。

（2）按客人用餐方式划分

①团队菜单。这是一种循环菜单，菜单内容按一定天数的循环周期安排，形成一套菜单，每天供应的品种不重样，主要适用于团体、会议用餐。

②宴会菜单。宴会菜单主要供中餐、西餐和其他风味宴会使用，其特点是设计美观、典雅，菜单内容注重宴会规格，名菜名点较多。由于宴会标准不统一，具体内容往往根据宴会等级规格和客人预订标准而变化，其供应的品种因每次宴会预订标准不同而不同。

③冷餐会菜单。它是宴会菜单的一种，规格较低，菜单内容根据客人预订标准和要求而定。但以冷菜、小吃为主，注重食物造型和餐厅气氛，品种较多。

④自助餐菜单。它主要适用于自助餐厅，特点是品种丰富，注重菜点造型，以烘托餐厅气氛。

⑤客房菜单。它主要供客人在房间预订点菜时使用，有早餐、正餐之分。其菜点品种既可丰富多样，又可简单明了，主要根据饭店客源结构和客人需求设计。

⑥特种菜单。它包括儿童菜单、家庭菜单、老人菜单、孕妇菜单等。这种菜单针对性较强，但由于饭店餐厅客源大多不是单一的，所以它一般是餐厅菜单的补充形式。

（3）按菜单经营特点划分

①固定菜单。固定菜单也称标准菜单，其特点是内容标准化，以传统菜等不受季节性原料影响的菜点为主，所以不经常调整。这种菜单主要适用于客人数量较多、流动性较强的餐厅，所以为大多数饭店所采用。

②循环菜单。这是指按一定周期循环使用的菜单，主要适用于饭店团体、会议用餐和长住客人用餐，其目的是增强餐厅风味和菜点品种，减少客人对菜点产生单调乏味的感觉，增强客人的新鲜感，提高竞争力。

③限定菜单。这是指菜点品种一般只有常年不变的、相对固定的几款的菜单。这种菜单主要适用于特种餐馆、快餐店使用，如麦当劳和肯德基。

（4）按菜单定价方式划分

①零点菜单。这是指每道菜点都明码标价以供客人点菜的菜单，主要适用于中餐、西餐及各种风味的零点餐厅。其特点是菜点品种多，热菜、冷菜、

面点、汤类等品种齐全，价格幅度宽，高、中、低档较全，能适应客人多层次、多方面的消费需求，所以为各种类型的零点餐厅和餐馆酒楼所广泛使用。

②套式菜单。这种菜单的特点是将几种不同的菜点形成一组，整餐定价销售，客人无须逐个点菜。中式套餐菜单一般按规格和就餐人数整餐定价，菜单上并不标出每个菜点的价格。套式菜单的优点是客人用餐方便、快捷，缺点是客人对菜点选择的余地较小，所以在设计菜单时要特别注意菜点的合理搭配。

③无定价菜单。这种菜单上的各种菜点不直接标价，而是事先掌握客人的用餐标准，然后选择菜点，按客人的用餐标准收费。这种菜单主要适用于饭店团体、会议用餐、宴会、冷餐会、鸡尾酒会等。菜单上的菜点品种往往根据客人的用餐标准而定。每个团队或每个宴会各不相同，除菜单封面可以事先设计好外，菜点内容则临时安排打印，以适应客人用餐标准的变化。

④混合菜单。这是零点菜单和套式菜单相结合的一种菜单。它综合了这两种菜单的特点和长处，可以以套式菜点为主，同时欢迎客人随时零点菜品；也可以以零点菜单为主，同时也可满足客人对套式菜点的需求。因而，菜单定价有两种形式：一种是零点价格，另一种是套式价格。现阶段，这种菜单在我国饭店、宾馆中采用较少。

2. 菜单设计的原则

菜单设计必须遵循以客人需求为重点，供给和需求相适应，体现市场营销目标和企业文化特色，反映餐厅的经营特点，有利于吸引客人、方便消费、扩大销售的原则。菜单设计的具体原则如下。

（1）体现经营风味，树立餐饮企业形象

菜单设计应反映餐饮企业的经营风味，体现餐饮企业的文化特色和形象。例如，高档的餐馆，菜单设计应高雅庄重，菜品名贵价高；海鲜餐馆等可配备不同的图案，反映各自的风格。

（2）花色品种适当，刺激消费需求

不同餐饮企业菜单上的菜点品种应有明显的区别，品种数量要适当。中餐菜单的凉菜、热菜、面点、汤类一般应分类排列，对顾客喜爱程度高、应重点推销的菜点品种应安排3~5种为宜。同时，应将时令菜、季节菜结合起来，价格水平应按高、中、低档搭配，高档菜可掌握在25%~35%，低档菜在25%~30%，套式菜单则根据客人需求，安排多种档次，这样可以刺激客人消费，适应不同档次客人的需求。

（3）创造竞争优势，保证利润目标

菜单设计要充分做好市场调查，掌握客人需求变化，有利于开展市场竞争。餐饮企业要充分考虑顾客的喜爱程度，突出其重点风味菜点和重点推销菜点。菜单要定期调整，菜点品种要循环更新，使客人常有新鲜感。菜点毛利率要分类掌握，一般主食毛利较低，冷盘毛利较高，主菜毛利最高。具体毛利标准的掌握要根据企业所处地理位置、餐厅档次、设备条件、接待对象、消费水平的不同而变化。

（4）市场供求结合，符合企业实际

菜单主要是根据客人的需求来制定的。它是需求与供给共同作用的结果，是市场营销活动均衡的体现。因此，菜单设计要供求结合，要充分考虑厨师的烹饪水平、烹饪原料的质量、库存储存条件、厨房设备等因素，这样才能符合餐饮企业的实际，实现餐饮管理市场营销目标。

3. 菜单设计的主要依据

（1）目标市场的客人需求

任何餐饮企业的经营都不可能完全满足所有客人的消费需求。它只能针对一部分具有相似消费特点和消费能力的客源。因此，各种餐厅的菜单设计都必须以目标市场的客人需求为首要依据。目标市场的客人需求主要表现在八个方面。一是客源档次。客人档次越高，菜单设计的要求就越高。二是客人消费方式。零点消费、团体消费、宴会消费方式不同，菜单设计的内容和要求也不同。三是客人用餐目的。客人用餐目的的不同，菜单设计要求也不同。四是客人年龄结构。年轻人喜欢高热量食品，老年人喜欢清淡食品，这些必然影响到菜单设计的品种安排。五是客人性别结构。不同性别的客人对菜点的品种和热量要求不同，餐饮企业应根据此设计相应菜单。六是客人的宗教信仰。不同宗教对食品的种类和加工方法往往有不同的要求和禁忌，这也是影响菜单菜点品种安排的重要依据。七是客人的饮食习惯。不同国家和地区的客人的饮食习惯不同，菜单设计必须在品种选择、菜点搭配上同目标市场的客人习惯结合起来。八是客人的消费能力。它主要对菜单设计的价格结构产生影响。

（2）烹饪原料的供应状况

原料供应是烹饪的先决条件。菜单设计得再好，如果原料供应没有保证，导致缺菜率高，也会影响销售额和餐饮企业的声誉。因此，凡是列在菜单上的菜点，必须无条件地保证供应。它要求菜单设计者必须根据餐饮企业的地理位置、交通条件等诸多因素，认真分析烹饪原料的市场供应情况、采购和运输条件、原料供应的季节变化等信息，然后利用这些信息来设计、制作菜单。

（3）烹饪产品的品种

烹饪产品的品种成千上万。在保证原料供应的条件下，同一种烹饪原料的初加工、配菜方法和烹调方法不同，其菜点的品种也不一样。

（4）不同菜点的盈利能力

菜单设计的最终目的是扩大销售，提高餐饮利润，而菜单上众多菜点品种的盈利能力是不尽相同的，各种菜点的盈利能力主要受产品成本、价格高低和销售份额三个因素的影响。这就要求菜单设计不仅要合理安排菜点品种，而且必须充分考虑不同菜点的盈利能力，合理安排菜点结构。

（5）厨师烹饪水平和厨房设备

菜单设计的品种安排和菜点规格直接受厨师烹饪水平和厨房设备的限制。没有特级厨师的饭店，即使设计出规格较高的名菜名点，厨房也无法烹制出名实相符的菜品，反而让客人感到失望。菜单的品种、规格超越了厨师的烹饪技术水平和设备生产能力，菜单设计得再好，也无异于空中楼阁。因此，菜单设计要从饭店的厨师烹饪水平和设备条件等实际出发，量力而行，实事求是，防止凭空想象造成名不副实的情况。

4. 菜单设计的步骤

菜单设计由行政总厨和厨师长负责，餐饮部经理和有关人员参加，其设计方法和过程可大致分为五个步骤。

（1）明确经营方式，区别菜单种类，确定设计方向

菜单的种类和设计方向是由不同餐厅及服务项目的经营方式决定的。菜单设计前要解决好三个问题：一是根据餐厅的经营方式和服务项目确定菜单种类；二是根据餐厅性质和规格确定菜单档次；三是根据市场特点和销售方式确定菜单具体形式。这些问题解决了，菜单设计的方向、内容和要求就大致确定了。

（2）选择经营风味，设计菜单内容，安排菜点结构

餐饮企业的经营风味可分为中餐、西餐、日餐、韩餐等。就中餐风味而

言，有淮扬、广东、山东、四川、宫廷、海味等各种各样的具体风味，西餐也是如此。菜单设计要明确经营风味，切忌不伦不类。就设计要求而言，关键是菜单内容设计和菜点结构安排，要解决三个问题：一是菜单上菜点品种的数量控制，二是不同菜单菜点品种的选择和确定，三是菜点品种结构比例的确定。

（3）确定菜单程式，突出重点菜点，注重文字描述

从总体上说，中式菜单可按冷盘、热菜、主菜、汤类、面点的顺序排列，然后再分成冷荤、鸡鸭、猪牛肉、海鲜、蔬菜、主食、汤类、点心等不同种类。西餐菜单可按开胃菜、汤类、主菜、甜点等不同种类进行分类。此外，团队菜单、宴会菜单、套式菜单、客房菜单等，其菜单程式又各不相同，所以必须根据菜单种类、饮食风味和销售方式的不同，分别确定。菜单要突出重点推销的菜品，以引起客人的重视，将重点推销的菜品安排在菜单最显眼的位置，还可改换字体，或加边框装饰，也可配以文字说明。

（4）正确核定成本，合理制定价格，有利于市场竞争

在具体核定菜单成本、制定价格的过程中，要注意三方面的问题：一是成本核定要根据菜单种类的不同而变化，做到准确、稳定；二是毛利的确定要灵活，应区别不同菜点种类，该高则高，该低则低；三是菜单价格的确定要有利于促进销售，开展市场竞争。

（5）注重菜单外观设计，讲究规格尺寸，突出美感效果

菜单装帧要与餐厅等级规格、菜单内容及整体环境相协调，图案的选择要有利于突出菜点风味特色，要选好主色调，大胆使用陪衬色调，使各种色调的运用有主有次，深浅适宜。封面应选择美观、耐用、不易折损、不易弄脏的材料制作，并且尺寸规格不宜过小，一般餐厅的单页菜单可使用 28cm×40cm，对折菜单可使用 25cm×35cm，三页菜单可使用 18cm×35cm 等尺寸。

（二）烹饪生产运作管理

烹饪生产运作管理是餐饮企业业务管理的中心环节，其管理过程涉及生产任务的确定、生产流程安排、原料加工组织、炉灶制作和生产管理协调等各个方面，烹饪生产运作管理的好坏直接决定烹饪产品的质量和风味特点，影响客源、成本消耗和经济效益。

1. 烹饪生产的组织形式

烹饪生产的组织形式主要取决于厨房的管理形式。我国饭店、餐馆的厨房主要分中餐厨房、西餐厨房。另外，还有日餐、韩餐等多种类型的厨房，情况很复杂。就其烹饪生产的组织形式看，大致有四种。

（1）中餐厨房组织形式

采取中餐厨房组织形式的企业只提供中餐服务，一般适用于一星和二星级的小型饭店和大多数餐馆。其厨房的多少和大小根据餐厅的数量和接待能力确定，一般要设厨师长，再分设热菜、冷菜、冷荤和面点厨房。

（2）西餐厨房组织形式

这种形式主要适用于三星级以上饭店的西餐厅和西餐馆。三星级以上饭店要求必须设西餐厅和咖啡厅。其中，有很多四星、五星饭店的西餐厅里又分设法式西餐、美式西餐等。西餐厨房组织形式一般是行政总厨下设西餐厨师长，各厨房再设不同领班，而每个厨房内部分工则大不相同。

（3）大中型饭店厨房组织形式

大中型饭店厨房组织形式可同时提供多种风味的中餐、西餐和其他外国风味的餐饮服务，餐厅类型多，与之配套的厨房种类也多，烹饪生产管理复杂，其厨房的组织形式一般是设行政总厨，再分设 1~2 名副总厨负责中餐房和西餐房，各个厨房再设大厨（相当于厨师长）、主厨、后锅岗、砧板岗等不同的岗位，负责烹饪生产管理。餐饮部同时设管事部，负责财产保管、原料领用、洗盘洗碗、清洁卫生等工作。各大中型饭店厨房管理的具体形式区别较大，没有固定的统一模式，需根据各饭店实际情况而定。

（4）中心厨房组织形式

这种形式主要适用于大型和特大型（一般客房在 800 间以上）饭店和餐饮集团。它是近年来随着合资饭店新建而引进的。其组织形式是饭店或集团设中心厨房，统一负责烹饪原料的加工配菜，各个餐厅再设卫星厨房，主要负责菜点烹制。

2. 烹饪生产任务的调整与安排

厨房烹饪生产任务是根据客人用餐的统计数据、客人对菜点的喜爱程度和就餐预测等来确定的。由于烹饪产品销售影响因素多，随机性和波动性强，因此，厨房还应每天分析各种影响因素，对生产任务量做出必要的安排，然后组织生产。烹饪生产任务的调整和安排的方法如下。

（1）确定调整预测值

调整预测值是指在每天烹饪生产任务的预测值的基础上，根据当日的天气、当地或饭店当日有无重大活动等因素，对预测的烹饪生产任务量做出适当的增减调整。具体菜点预测值的调整取决于厨房和餐厅主管经理人员的经验和分析判断能力。

（2）掌握厨房成品或半成品结存量

厨房每天生产的餐饮产品不一定当天全部售完，一般会有少量成品或半成品尚未售出，需要第二天继续加工使用和出售。这些成品或半成品需要从当日生产任务量中扣除。

（3）安排预测保险量

在厨房烹饪生产过程中，每日生产任务量的安排不可能固定不变。为防止客流量的突然增加、对烹饪原料的损耗量估计不足、配菜不标准等情况的发生，还应该安排适当的预防保险量，一般在1~3份，具体数量由厨房主管人员确定。

（4）调整和安排生产量

在做好上述三项工作的基础上，厨房就可以安排每天的烹饪生产任务量，一般以表格形式列出预测和调整数量。

3. 烹饪生产任务的确定方法

烹饪生产任务确定是短期内对菜点数量和品种所做出的安排。由于客源流量变化大，菜单随季节调整，客人对花色品种的需求具有随机性。因此，厨房无法确定长期生产任务。短期内不同菜点的生产任务量也只能是一个近似值。但是，合理确定烹饪工作量仍然是必要的。它既是厨房烹饪产品生产管理的基础，又是合理组织烹饪原料、加强成本核算、坚持以销定产、降低损失浪费的客观要求。生产任务的确定方法主要有以下几个。

（1）经验估计法

经验估计法是根据厨房主管和餐饮部门管理人员的经验，分析前后几天的客源变化和就餐客人的点菜频率，考虑未来几天内节假日、周末、天气变化、地区和企业产品推销活动等因素，大致确定未来短时间内厨房烹饪产品的生产任务量。这种方法适用于餐饮管理基础工作薄弱、缺乏统计报表和有关数据、产品生产管理尚处于经验管理阶段的企业。

（2）统计分析法

统计分析法是以餐饮企业客源统计资料为基础，预计未来短时间内的客源数量，安排厨房烹饪生产任务量。这种方法主要适用于饭店、餐馆的团体用餐、会议用餐和包饭服务。对团体、会议、包饭三种统计资料进行综合整理，按照时间顺序和餐饮要求，分类归档，在厨房挂牌公布，形成每天、每餐次的生产工作量。

（3）喜爱程度法

喜爱程度法是以菜单设计为基础，预测就餐人次或全部烹饪生产任务量，再根据客人对不同菜点品种的喜爱程度确定厨房各种菜点的具体生产工作量。这种方法适用于零点餐厅，包括各种风味的中餐厅、西餐厅、咖啡厅等，可根据客房住宿资料及餐厅销售资料，分析客人光顾餐厅的概率，预测住店客人的就餐次数，也可根据餐厅接待资料，分析客人变化规律，结合未来短时间内的节假日、周末、天气变化及企业营销活动等因素，预测客人上座率或就餐次数，然后以历史统计资料为基础，分析客人对所供菜点的喜爱程度，确定烹饪生产任务量，组织烹饪原料，安排厨房烹饪生产。

（4）预定统计法

预定统计法是根据客人的预订资料，分别统计和确定未来短时间内厨房餐饮产品生产任务量。这种方法适用于宴会。宴会都是事先预订的，餐饮部门根据客人预订登记，逐日统计宴会菜点的烹饪生产任务。为保证做好宴会菜点供应的工作，餐饮部门每天对每个宴会还要确定具体的烹饪工作量。其方法是根据预订资料，下达每天每个宴会烹饪生产工作任务单，分别列出宴会名称、标准、预订人数、保证人数、菜单安排、酒水安排等，由此确定具体的烹饪生产任务。

（三）烹饪产品成本控制

餐饮经营的最终目的是赚取合理的利润，而每日的利润是由每日的营业收入减去每日的成本支出而实现的。由于餐饮企业的营业收入主要来源于烹饪产品和酒水饮料，而容易产生成本波动的主要是烹饪产品，因此，将烹饪产品的成本进行合理的控制是一项必不可少的工作。

1. 烹饪产品成本控制的主要内容

烹饪产品成本一般是由烹饪原料成本、劳动力成本、经营费用和税金构成。

由于劳动力成本、经营费用（折旧费用、还本付息费用）和税金在一定时期和经营条件下是相对固定的，一般不会随烹饪产品的销量变化而变化，所以被称为固定成本；烹饪原料成本、水电费用、燃料消耗费用等是随着产品的销量变化而变化，所以被称为可变成本。事实上，在餐饮业成本控制过程中，可变成本的控制远比固定成本的控制难度大，将可变成本控制在一定的波动范围之内，能直接反映出餐饮企业的管理水平，因此，可变成本不仅是餐饮企业管理者最为关注的问题，也成为烹饪学一个重要的研究对象。

（1）原材料成本

原材料成本是指餐饮生产经营活动中厨房烹饪产品与餐厅售卖酒水饮料成本的总和。原材料成本在烹饪产品成本中所占比例最高，占餐饮收入最大。原材料成本是由价格和数量两个因素决定的。在烹饪生产过程中，控制烹饪原料的价格和菜品的分量，是保证原材料成本处于一个稳定范围的重要手段。

（2）劳动力成本

劳动力成本是指在餐饮生产经营过程中耗费的活劳动的货币表现形式，包括工资、福利费、劳保、服装费和员工用餐费等。劳动力成本率是仅次于食品成本率的。在餐饮成本中占有重要的位置，目前我国餐饮业中劳动力成本占营业额的20%左右，在厨房的成本控制中，尽管劳动力成本不直接由厨房的管理者控制，而是由专门的职能部门控制，但厨房的管理者应该有监督权和建议权。

（3）经营成本

经营成本主要指水电费、燃料消耗费用。在厨房生产过程中，一定要进行合理的控制，尽管经营费用属于毛利部分，厨房管理者更多地控制原材料成本，但作为餐饮企业的一员，企业能否创造更多的利润与厨房经营费用的控制休戚相关。在餐饮业生产经营中，一定要建立相关的制度，对厨房的水电、燃料进行严格的控制，杜绝浪费。

（4）标准成本率

标准成本率是指餐饮企业为获取预期的营业收入以支付营业费用，并获得一定赢利而必须达到的食品成本率，一般可以通过分析上期营业记录或通过对下期营业的预算得到。由于成本率会因企业经营的不同而不同，所以在一般情况下，社会餐饮企业的原料成本率高于宴会原料成本率，国内餐饮企业原料的成本率高于国外同业原料的成本率。据测算，我国普通餐饮企业的成本率多在 55%~65%，而星级酒店多在 40%~45%。餐饮企业确定的成本率是厨房进行成本控制的一个标准，有时我们将其称为标准成本率，每月的原料成本控制要以其为基准。事实上，在餐饮企业的经营过程中，成本率高会使餐饮企业偏离经营的目标，造成目标客人的流失。所以，以标准成本率作为企业成本控制的核心是十分重要的。

2. 影响成本控制的因素

厨房管理者除了可以控制原料的价格和数量，来保证每月预期的原料成本率外，还需要对厨房生产的每一个环节进行控制，因为厨房的人员水平的高低、原料的浪费程度和设备的运行情况三方面因素会对成本控制产生影响，从而左右原料成本率的高低。

（1）人员水平的高低

为了确保成本的稳定，厨房管理者首先应该招聘有一定技术水平的厨师，形成一个有生产能力的专业技术队伍，然后进行必要的生产控制，还应广泛采用必需的设备来代替手工操作，使用称量器具提高菜品数量的准确性。同时，要选拔技术骨干，建立一支以技术骨干为框架的厨师队伍，并对其进行一定的培训，提高他们的技术水平，培养他们的节约意识，这样才是管理之本和成本控制之本。

（2）原料的浪费程度

原料不能综合利用和过度浪费是厨房成本控制中最容易发生的问题。在控制原料价格和数量的同时，有效地控制厨房原料的浪费程度是成本控制成败的关键。厨房管理者首先要考虑厨房的激励机制是否健全，学会控制员工的情绪，减少不必要的原料浪费。

（3）设备的运行情况

设备的运行情况有时也可以成为影响厨房原料成本的因素之一。在厨房生产中，由于设备的老化或超负荷运转，可能会在机械上产生故障，容易使原料产生额外的损失。所以要注意设备的保养与维修，防止因设备运行不良而造成的成本失控。

3. 成本控制的方法

餐饮管理控制成本是以成本差额分析为中心展开的，由于烹饪产品生产过程很复杂，其成本在不同产品和不同环节中产生，因此，其成本控制也要根据业务管理过程来进行，主要控制方法包括以下环节。

（1）采购成本控制

采购是烹饪原料成本形成和成本控制的起点，采购成本控制是在采购预算和采购进货原始记录的基础上进行的。采购预算中的各种食品和饮料采购数量和规定价格形成标准采购成本。采购进货中入库验收的进货发票和原始记录则形成实际采购成本。采购成本控制一般以月度为基础，在分析采购成本的基础上，管理人员要进一步查明造成价格差和数量差的具体原因，并有针对性地提出具体控制办法，即可实现采购成本控制，降低成本消耗。

（2）库房成本控制

库房成本控制是在每月盘点的基础上进行的，其目的是控制库房资金占用，加快资金周转，节省成本开支。在库房管理中，要制订食品和饮料库存资金占用计划，明确指出重点控制哪些品种，采用哪些控制方法，从而迅速减少库存资金占用，加快资金周转。

（3）生产成本控制

生产成本控制以厨房为基础，以烹饪原料为对象，根据实际成本消耗来进行。厨房生产的菜点品种很多，各种菜点既要事先制定标准成本，又要每天做好生产和销售的原始记录，然后根据统计分析，与标准成本进行比较，以确定成本差额，发现生产管理中成本消耗存在的问题，分析原因，提出改进措施。

（4）酒水饮料成本控制

酒水饮料成本控制以酒吧为基础，根据酒吧销售方式不同，其成本控制方法又分鸡尾酒销售成本控制和瓶装或杯装销售成本控制两种情况。特别是瓶装或杯装销售成本控制，烈性酒、啤酒和饮料常常不经过调制，直接以瓶装或杯装的方式销售，价格通常比鸡尾酒低，管理人员应事先制定瓶装或杯装销售单位成本和售价，服务人员按瓶装或杯装标准销售，由此控制成本。在整装拆零销售时，要特别注意杯装配量，防止实际成本消耗超过事先规定的标准。

（5）企业餐饮成本控制

它包括食品成本和饮料成本控制，以餐馆为基础，根据标准成本率和实际销售统计来进行，是食品和饮料成本控制的汇总。在标准成本率确定的基础上，根据报告期销售记录统计，即可确定各个餐厅的食品和饮料的标准成本消耗和实际成本消耗，由此分析成本差额，即可发现各个餐厅食品和饮料在标准成本消耗中存在的问题，为餐馆管理人员提供成本控制的数据依据。在分析成本差额和成本率差额的基础上，要进一步查明造成各个餐厅成本差额的具体原因，以便有针对性地提出成本控制措施。

（四）烹饪生产卫生与安全管理

烹饪生产卫生与安全的管理其实是从采购开始，经过生产过程到销售为止的全面管理，它主要包括环境卫生的管理，厨房设备、工具及餐具卫生的管理，原料卫生的管理，个人卫生的管理，餐饮生产的安全管理等几个方面，每一个餐饮管理者都应该在这些方面加强管理。

1. 环境卫生的管理

厨房环境卫生的管理包括厨房的生产场所、下水、照明、洗手设备、更衣室、卫生间及垃圾处理设施等的卫生管理。厨房地面应采用平整的材料铺成，一般以防滑无釉地砖为理想；每天要冲刷 1.8 米以下高度的墙壁，每月擦拭 1.8 米以上高度的墙壁，地面每天收工前要进行清洗；凡有污水排出以及由水龙头冲刷地面的场所，均需有单独的下水道和窨井；不论下水道是何种形式，有条件的厨房可在通往下水道的排水管口安装垃圾粉碎机，以保证下水道的通畅；排烟罩、排气扇需要定期清理，照明设备一般要配有防护装置，防止爆裂造成玻璃飞溅，污染到食品或伤及他人；在厨房里多设置洗手池，可保证工作人员在任何时候都能方便洗手；每天产生的垃圾要及时地清理，使不良的气味不至于污染空气和食品，可选用方便推移的带盖的垃圾桶，里面要放置大型的比较结实的垃圾袋，垃圾要及时清理出厨房；采用一定的消杀措施防止病媒昆虫和动物等的侵入。当然，无论哪种措施都应该以保证食品安全为前提，不要将杀灭病媒昆虫等的药水或诱饵污染到食物上，更不要对员工产生伤害。有条件的餐饮企业应该在厨房设计时就考虑到堵住这些病媒昆虫和动物进入厨房的渠道，比如封闭窗户、堵住各种缝隙、采用自动门、下水道铺设防鼠网等。

2. 厨房设备、工具及餐具卫生的管理

厨房设备、工具及餐具的卫生状况不佳，也容易导致食物中毒事件的发生。刀具、砧板、盛器等烹饪生产工具因直接接触生的原料，容易受到微生物污染，如果用过后不及时消毒和清洗，就可能会给下次加工带来危害。烤箱、电炸炉等烹饪设备用过后需要将污垢、油垢及时地清理掉，否则会污染

到食品上。对于有明火的炉灶，应及时清理炉嘴，长时间不清理炉嘴容易产生油垢，影响煤气或燃料的充分燃烧，易产生黑烟，造成厨房气味不佳，也使工作的效率大大降低。冷藏设备原则上每周至少要清理一次，其目的是除霜、除冰，保持冷藏设备的制冷效果，去除异味。餐饮企业要设立专门的清洗餐具的部门，但注意并非每个餐具清洗部门都能保证餐具卫生质量，所以加强清洗设备的现代化和人员操作的规范化是保证餐具卫生质量的前提条件。

3. 原料卫生的管理

原料的卫生管理是厨房最应关注的要素之一。原料的卫生如何，除了应该鉴别原料是否符合正常的质量标准，还要鉴别原料是否被污染过，通常要鉴别的污染是生物性污染和化学性污染。原料在采购、运输、加工、烹制、销售过程中，要经历很多环节，不可避免地要遭受病菌、寄生虫和霉菌的侵害，这就是所谓的生物性污染。在采购原料时，要尽可能地选择新鲜的原料，在运输过程中，要做好防尘、冷藏和冷冻措施，保持厨房良好的环境卫生，保持各种设备、器具、工具及餐具的卫生，严格规定正确的储存食品原料的方法，避免食品原料遭受虫害和发生变质。同时要严格执行餐饮生产人员个人卫生制度，确保员工的身体健康。培训员工掌握必要的鉴别原料被污染的专业知识及相关的法律法规，杜绝被污染的食品原料上桌，危害顾客行为的发生。

原料的化学性污染主要来自原料种植、饲养过程中所遭受的各种农药、化肥及化工制品的危害。为避免食品原料的化学性污染，应采取积极有效的防范措施：对水果蔬菜要加强各种清洗操作，努力洗掉残留在水果蔬菜上的各种农药、化肥，可适当使用具有表面活性作用的食品洗涤剂清洗，然后再用清水漂洗干净，有些水果和蔬菜可以去皮操作，降低化学污染的概率；要选用符合国家规定卫生标准的食品包装材料及盛装器具，不要使用有毒或有气味的包装材料和盛装器具；坚决弃用被污水污染过的水产原料及注水原料。

4. 个人卫生的管理

要提高厨房员工的卫生意识，必须从个人卫生、工作卫生和卫生教育三个方面抓起。厨房员工要养成良好的个人清洁卫生习惯，在工作时应穿戴清洁的工作衣帽，手要经常清洗，指甲要经常修剪，操作熟食时应戴上手套，严禁涂抹指甲油、佩戴戒指及各种饰物工作；一旦员工手部有创伤、脓肿时，应严禁从事接触食品的工作；厨房内禁止员工吸烟，与熟食接触的员工要佩戴口罩；员工在操作时，不要挖鼻子、掏耳朵、搔头发、对着食物咳嗽等；品尝菜肴时，员工应使用清洁的调羹或手勺，舀放在专用的碗中品尝。卫生教育可以让厨房的新员工对餐饮企业生产的性质有所了解，知道出现卫生状况不佳的原因，掌握预防食物中毒的方法。教育员工时时绷紧卫生生产这根弦，发现问题及时补救，有效预防食物中毒的发生。对管理者来说，卫生教育可以使自己保持高度的警惕，防止员工发生各种违规的操作。厨房员工的健康状况是保证食品卫生的前提，为此，餐饮企业在招聘厨房员工时，强调身体健康是第一要素，应该在员工取得了防疫机构检查合格的许可后才允许其从事餐饮工作。

5. 餐饮生产的安全管理

厨房的员工每天都要与火、加工器械、蒸汽等容易造成事故或伤害的因素打交道，如果不加强防范意识，不遵守安全操作规范，肯定会产生事故，一旦事故发生很容易造成财产损失，导致员工受伤，其危害程度不可估量。为此，厨房管理者在生产经营过程中，要时刻加强安全意识，保证厨房员工的安全，避免企业蒙受损失。

（1）火灾的预防

火灾的产生是有诱因的，杜绝火灾的诱因就可以有效地预防火灾。厨房的各种电动设备的安装和使用必须符合防火安全的要求，严禁员工野蛮操作。厨房的线路布局要合理，炉灶线路的走向不能靠近灶眼；要设置漏电保护器；煤气管道及各种灶具附近不要堆放易燃物品；使用煤气要随时检查煤气阀门有无漏气，也可设置煤气报警器。在烹调操作时，锅内的介质（水、油）不要装得太满，温度不要过高，以防因温度过高或油溢、水溢而引起的燃烧的事件，因为这些都能诱发各种伤害。任何使用火源的员工都不能擅自离开炉灶岗位。一旦火灾发生，除了实施灭火措施，负责人一定要检查每一个灶眼，确保每一燃烧器都处于关闭状态，并关闭和切断一切电器电源开关，打开消防通道，迅速而有序地疏散厨房员工。

（2）意外伤害的预防

厨房意外伤害主要是指摔伤、烫伤、割伤、电击伤等，因此，必须了解各种安全事故发生的原因和预防方法。例如，厨房要保持地面的平整，如有台阶，需用醒目的标志标示出来；在有坡度的地面，员工的出入口，应铺垫防滑软垫；及时清理地面上的水渍、油渍等，以防员工滑倒；及时清理员工通道的障碍物，以防员工碰撞摔倒；厨房照明要充足，以保证员工的安全操作和通行；烹调时，各种器物不要靠近炉灶，防止器具烫伤员工；使用蒸汽柜、烤箱时，要先将门打开，待饱和气体或热气散掉，再用毛巾端出盛装菜肴的盘碗；进行油炸操作时，要将原料的水分沥干；锋利的刀具要统一保管，刀具不用时要套上刀套，进行切割操作时，精力要集中，切不可说笑、打闹；清洗刀具时，不可将刀具与其他物品放在一起清洗；清洁刀口时，要使用毛巾擦拭；开盖的罐头一定要小心瓶口；破碎的玻璃器皿，尽量不要用手去处理；使用机械设备时，应先阅读说明书，并严格按规程操作；所有电器设备都要接地线；电器的安装调试都应由专业人员操作；定期检查电源的插座、开关、插头、电线，一旦有破损，应立即报修；容易发生触电的地方，一定要有警示标志。

三、中国烹饪产品的市场营销

正确处理市场需求和供给的关系，搞好市场营销，广泛组织客源，扩大产品销售，是餐饮企业管理的首要职能和基本任务，也是中国烹饪学科理论中重要的研究对象之一。在餐饮市场中，档次相同、规模相仿的企业，有的火爆，充满活力；有的清冷，举步维艰。究其原因，最主要的一点就是是否能够准确地把握市场需求，树立正确的营销观念，根据消费者的心理和行为规律采取适当的营销策略。

（一）餐饮消费者分析

1. 消费者情况的调查

在餐饮市场的激烈竞争中，如果餐饮企业要想获得最大利润，餐饮企业经营者就必须了解这个区域的消费者。毫无疑问，消费者的需求决定了餐饮市场环境的流行走向，决定了烹饪产品的调整策略。了解消费者对于餐饮企业经营者来说非常重要。

就消费者的结构而言，有来自世界不同国家的外宾，有来自不同地区的客人，在他们当中，性别、职业、年龄不同，嗜好、习惯各异。为了能够根据当地市场情况制定出切实可行的企业目标，有必要对消费者进行以下调查。

（1）人群调查，主要包括：本地区的人口数与户口数，各年龄组的人数和性别比例，各种职业人数及平均收入等。

（2）就餐客人调查，主要包括：年龄、性别与职业，工作单位与家庭住址，所用交通工具，最喜欢的餐厅，对服务的总体感受，最喜欢食用的菜品和饮料，能够接受的餐饮消费价位等。

2. 消费者对烹饪产品需求的分析

消费者对烹饪产品的需求，虽然表现形式不同，但总体可归结为两大类，生理需求和精神需求。

（1）消费者对烹饪产品的生理需求

消费者在这方面表现得最为直接、明显，首先是充饥和补充营养；其次是食用可口，享受美味；最后是安全卫生。这是烹饪产品在生产过程中必须满足的消费者生理需求的三个方面。

（2）消费者对烹饪产品的精神需求

消费者对烹饪产品的精神需求主要表现在三个方面，第一是物有所值的需求，消费者期望交换公平理念，希望获得超值享受，因此烹饪产品的销售定价、销售规格、产品质量，甚至是美化效果都要力求符合消费者心目中的标准，使其产生物有所值的感觉，避免消费者产生精神需求上的缺憾。第二是方便的需求，烹饪产品的销售服务应该以消费者感觉方便为准，这既是消费者的要求，也是产品占领和扩大市场的重要条件。第三是受尊重的需求，这是消费者较高层次的精神需求，因此，在产品的设计和命名上不可粗俗，在有主题的消费活动中，尽可能地接近消费者的想法，通过烹饪产品表达对消费者思想的认同和良好的祝愿。对有宗教信仰并对食物有一定禁忌的消费者，更应认真设计、制定菜单，并要精心烹调，提供符合要求的优质食品，以表示对他们生活习惯的理解和尊重。

（二）烹饪产品销售服务管理的特点

烹饪产品销售是在餐厅中进行的，以就地销售、现面服务为表现形式，对产品质量和服务质量要求较高，因此，其销售服务管理具有以下四个特点。

1. 享受因素比重大，用餐环境要优美舒适

客人来餐厅用餐，同时追求物质享受和精神享受，为此，必须根据企业等级规格，搞好餐厅环境布置，做到设计美观、布置典雅、设备舒适、气氛和谐，能对客人产生形象吸引力。

2. 自制烹饪产品与外购商品的销售方式灵活多样

烹饪产品分为自制产品和外购商品两大类，前者以厨房烹制的热菜、冷荤、面点、汤类为主，后者产品种类多，销售方式灵活多样，可以举办各种美食节、烧烤会、啤酒节等，还可以同钢琴伴奏、歌曲演唱、文艺演出、音乐茶座结合起来。餐饮产品销售切忌单调乏味。

3. 销售和服务融为一体，服务质量要求高

烹饪产品销售过程就是为客人提供服务的过程，其服务质量的高低直接影响客人需求和餐厅的形象及声誉。为此，烹饪产品销售服务管理必须以提供高质量、高效率的服务为目标，要研究客人的消费心理，尊重客人的消费需求，合理安排服务程序，培养服务员的服务意识，为客人提供热情、细致、体贴、周到的个性化服务。

4. 销售服务过程有一定间歇性，服务方式区别很大

烹饪产品销售方式灵活多样，服务过程有一定的间歇性。同时，由于餐厅类型多，服务方式各不相同。团体餐厅和零点餐厅、宴会厅和自助餐厅、咖啡厅和酒吧、商务包餐和客房送餐，其服务方式、服务程序和操作方法都有较大区别。为此，烹饪产品销售服务管理一方面要利用服务人员的劳动间歇，加强业务培训，另一方面要根据不同类型的餐厅服务方式的不同，分别制定质量标准、服务程序和操作方法，加强现场管理，使烹饪产品销售和餐厅类型结合起来，形成不同服务风格，从而有针对性地提供优质服务。

（三）烹饪产品销售服务的基本内容

餐饮销售服务的基本内容是贯彻企业的经营方针和经营策略，研究客人的消费需求和消费心理，提供优良的就餐环境；广泛招揽顾客，做好餐厅服务接待的组织工作，提供优质服务；加快餐位周转，增加产品销售，获得良好的经济效益。具体任务如下所述。

1. 吸引顾客

根据餐厅类型和性质不同，做好餐前准备，有针对性地搞好餐厅布置，以达到环境优美、设备舒适、布置典雅、气氛和谐的效果，从而对顾客产生形象吸引力。

2. 增加收入

根据市场环境和客人需求变化，采用灵活多样的方式，合理组织产品销

售，提高餐厅上座率和人均消费水平，增加餐厅营业收入。

3. 提高服务质量

根据餐厅性质，制定服务程序和操作规程，加强现场管理，做好迎宾领位、开单点菜、斟酒上菜等各项服务工作，提高服务质量。

4. 搞好卫生

贯彻执行食品卫生法，搞好餐厅卫生，做好餐茶用品消毒管理，预防食物中毒和疾病传染。

5. 扩大产品销量

每日做好餐厅销售分析，掌握客人需求变化，及时调整菜单，改变客人消费构成，扩大产品销售。

（四）烹饪产品销售服务质量管理的基本要求

1. 环境优美，布置典雅

用餐环境本身是服务质量的重要内容，也是产品销售的前提和基础，是让客人获得良好的物质享受和精神享受的重要体现。为此，餐厅要做到环境优美、布置典雅的具体要求包括以下三个方面。

（1）突出主题，反映餐厅风格

主题是餐厅环境布置的主调和灵魂，它反映的是餐厅总体形象，进而形成餐厅风格。负责人要根据餐厅性质确定主题，形成不同类型的主题餐厅，如南国风光餐厅、农家小院餐厅等，也要根据餐厅饮食风味和餐厅名称选择主题，因为饮食风味和餐厅名称都是决定餐厅主题的主要因素。

（2）装饰美观，形成餐厅特点

餐厅装饰的关键是要能反映主题的本质内容，要突出餐厅装饰特点，给人以美观、大方、舒适、典雅的印象。一要做好装饰设计方案，保证符合主题要求；二要运用好装饰手法，形成艺术特色；三要正确选用家具，形成具有特色、反映主题要求的良好风格。

（3）格调高雅，形成良好的形象吸引力

要根据餐厅的等级规格、接待对象，充分运用装饰手法保证餐厅装饰的格调与餐厅性质等级相适应，要能对目标市场的客人形成良好的形象吸引力。

2. 用品齐全，清洁规范

用品齐全、清洁规范既是满足客人消费需求的必要条件，又是质量标准的重要体现，其具体要求如下。

（1）用具配套。餐厅的杯碗盘勺必须配备齐全，团队餐厅、自助餐厅、咖啡餐厅等至少应配备2~3套，西餐厅、宴会厅至少应配备3~4套，并且要在品种、规格、质地、花纹上做到美观、舒适、统一、谐调。

（2）用品齐全。餐厅的台布、餐巾要配备齐全，并要与餐厅等级规格相适应。一般说来，台布、餐巾要配备4~5套，并且要每次翻台必换。此外，餐牌、菜单、五味架、服务员的围裙、开瓶器、打火机等服务用品也要齐全、清洁，便于随时为客人提供服务。

（3）做好消毒工作。餐具酒杯等器具是客人共同使用的，为保证清洁卫生，防止疾病传染，必须按规定每用一次，消毒一次。

3. 风味醇正，特色鲜明

客人前来餐厅用餐，其物质享受主要体现在烹饪产品的质量上。饭菜风味醇正，特色鲜明，这是烹饪产品销售服务质量好的本质表现。为此，应重点做好三个方面的工作。

（1）餐厨配合，确保饭菜色香味俱全。餐厅饭菜质量主要取决于厨房生产质量和餐厨配合及联系。餐厅在销售过程中，要掌握客人对质量、品种与时间的要求，及时将客人的消费要求准确传达到厨房。厨师要严格遵守工艺操作程序，按照菜品风味和菜单的内容与程序烹制，每种菜品都要严格掌握投料，把握好刀工、调味和火候，确保菜品质量。

（2）品种齐全，适应客人消费需求。烹饪产品销售必须做到菜品种类适当，以适应客人多元化的消费需求。具体而言，团体餐厅的菜点品种每餐应在8~12种，同一团队的客人要做到每餐不重样。零点餐厅的菜点品种应保持在60~80种，以便客人选择。各种餐厅的菜点品种都应在菜单上反映出来。同时，随着市场需求和季节变化，菜点品种还应适时调整，不断推出特色菜、时令菜。

（3）价格合理，饭菜档次多样化。为适应消费者多层次的需求，餐厅各种烹饪产品的价格要合理，饭菜档次要多样化，热菜、冷荤、汤类、酒水饮料要齐全，价格要形成不同的档次。同一餐厅，价格较贵的高档菜应保持在25%~30%，中档菜品应保持在40%~45%，低档菜应保持在20%~25%。

4. 服务规范，耐心周到

这是餐饮产品销售服务质量标准的最终落实，是提高服务质量的本质要求。为此，要抓好四个方面的工作。

（1）要培养服务员强烈的服务意识，主动、热情地提供优质服务。服务员要有献身精神，处处为客人着想；主动，表现为主动迎接，主动问好，主动引座，主动推荐烹饪产品，主动介绍菜品风味，主动征求客人意见；热情，表现为具有热烈和真挚的感情，能够以诚恳的态度、亲切的语言、助人为乐的精神接待客人，做好烹饪产品销售。为此，管理者要加强服务意识的培养，充分认识服务工作的重要性和艰苦性。

（2）要注重礼节礼貌和语言艺术。礼节礼貌是餐饮服务质量的基本要求，服务过程中要尊重客人的风俗习惯和饮食爱好，正确运用问候礼节、称呼礼节、应答礼节和操作礼节。同时讲求语言艺术，做到态度和蔼，语言亲切，讲究语法语气，注意语音语调，避免和客人争论。

（3）要严格遵守服务程序，确保服务规范化。烹饪产品的销售是按一定的服务程序完成的，餐饮种类不同，销售服务的方式也就不同，服务程序的具体内容也不一样。为此，管理者要根据餐厅的性质和销售方式，制定具体的服务程序，严格培训，做好每餐的现场管理工作，加强督导检查，从而使餐饮服务真正做到规范化、系列化、程序化，并在此基础上形成个性化服务。

（4）要注重仪容仪表，处处体现餐饮服务风貌。仪容仪表是提供餐饮优质服务的客观要求。为此，餐饮管理者要求服务员服饰要统一，着装要规范，发型要大方，男服务员不留长发，勤修面；女服务员化妆要淡雅，不戴贵重饰物。在服务过程中，要注重形体语言，坐立行说要符合规范。不吃异味食品，处处体现餐饮服务风貌。

第四章　烹饪专业群创新型技能人才培养模式改革的创新

在当今社会，餐饮行业作为服务业的重要组成部分，其发展速度之快、变化之频繁，对烹饪技能人才的需求提出了更高要求。烹饪专业教育作为培养未来烹饪行业生力军的关键环节，其教学模式与育人理念的创新显得尤为重要。本文围绕"研、推、赛"三大核心要素，深入探讨中职烹饪教育中创新型烹饪技能人才培养模式的改革，旨在通过育人理念创新和教学实践路径创新，提升中职烹饪教育的质量和效果。

第一节　育人理念创新

一、定制化人才培养模式

1. 核心理念

定制化人才培养模式强调以学生为中心，根据学生的个体差异、兴趣特长及市场需求，量身定制个性化的培养计划。这一模式打破了传统"一刀切"的教学模式，更加注重学生的个性化发展和实际需求。

2. 实施策略

个性化评估与规划：在学生入学之初，通过问卷调查、技能测试、面谈交流等方式，全面了解学生的兴趣爱好、学习基础及职业规划，为每位学生制定个性化的学习路径和发展规划。

3. 分方向教学

根据评估结果，将学生分为不同的学习方向（如中式烹饪、西式烘焙、分子料理等），并开设相应的专业课程和实训项目。每个方向都配备专业的师资团队和教学资源，确保学生能够在自己感兴趣的领域深入学习和实践。

动态调整与优化：在教学过程中，密切关注学生的学习进展和市场变化，适时调整培养计划，确保学生所学知识与市场需求保持同步。同时，鼓励学生参与课外拓展活动和社团组织，拓宽视野，提升综合素质。

二、现代师徒制人才培养模式

1. 核心理念

现代师徒制在传统师徒制的基础上进行了创新与升华，强调师徒间的平等交流、相互学习与共同成长。这一模式不仅有助于传承烹饪技艺的精髓，还能激发学生的创新思维和自主学习能力。

2. 实施策略

双向选择机制：建立师徒双向选择机制，允许学生在一定范围内自主选择师傅，同时师傅也可根据学生的潜力和兴趣进行挑选。这种机制有助于形成稳定的师徒关系，增强双方的责任感和归属感。共同研发与创新：鼓励师徒共同参与菜品研发、技术创新等活动，将传统技艺与现代理念相结合，创造出符合时代潮流的新菜品。同时，通过定期举办师徒交流会、成果展示会等活动，分享经验，激发灵感。传承与创新并重：在传承烹饪技艺的同时，注重培养学生的创新意识和实践能力。通过引导学生关注行业动态、参与竞赛活动等方式，激发他们的创新思维和创造力。

三、"竞赛驱动培训"人才培养模式

1. 核心理念

竞赛是检验学生实践能力和创新能力的有效手段。通过参与竞赛活动，学生可以在实战中锻炼技能、积累经验、提升自信。同时，竞赛还能激发学生的参与热情和竞争意识，促进他们在备赛过程中不断学习和进步。

2. 实施策略

（1）赛教融合：将竞赛内容融入日常教学之中，通过模拟竞赛、校内选拔赛等形式，让学生提前适应竞赛节奏和氛围。同时，将竞赛成绩作为学生评价的重要组成部分，激励学生积极参与竞赛活动。

（2）专业指导与培训：邀请行业专家和往届优秀选手为学生进行专业指导和培训，帮助他们解决备赛过程中遇到的问题。同时，建立竞赛辅导团队，为学生提供全方位的竞赛支持和服务。

激励机制与表彰：建立完善的竞赛激励机制和表彰制度，对在竞赛中取得优异成绩的学生给予表彰和奖励。通过举办颁奖典礼、发布荣誉榜等方式，增强学生的荣誉感和归属感。

四、"工学融合"人才培养模式

1. 核心理念

工学融合是指将工作与学习紧密结合，使学生在真实的工作环境中学习和成长。这一模式有助于学生提前了解职场环境和工作要求，增强其实践能力和职业素养。

2. 实施策略

（1）建立校外实习基地：与知名餐饮企业建立长期合作关系，共同建设校外实习基地，为学生提供稳定的实习岗位和实践机会，让他们在实际工作中锻炼技能、积累经验。

（2）轮岗实训与岗位体验：根据学生的专业方向和职业规划，安排他们在不同岗位进行轮岗实训和岗位体验，通过参与企业的日常运营和管理活动，让学生全面了解餐饮企业的运营流程和管理模式。

（3）校企共育与协同发展：学校与企业共同制定人才培养方案和教学计划，实现课程与岗位的无缝对接，同时，邀请企业技术人员参与教学活动，为学生提供行业前沿知识和技术支持，通过校企双方的紧密合作和协同发展，共同培养出符合市场需求的高素质烹饪技能人才。

第二节 教学实践路径创新

烹饪专业技术技能型人才的培育，对于构建国家发展新格局、推动餐饮行业进步以及稳定就业、促进社会公平具有不可或缺的作用，因此，探索并实践烹饪专业技术技能型人才培养模式承载着重要的战略价值。该人才培养模式的具体目标与核心内容概述如下。

一、人才培养模式的革新目标定位

审视当前我国职业院校在烹饪专业技术技能型人才培养的现状，不难发现，多数教育体系偏重烹饪技艺的传授，而对烹饪文化的熏陶和职业道德的塑造有所忽视，这在一定程度上阻碍了中餐在国际餐饮领域的传播与影响。鉴于此，对于具备高素质烹饪技术技能型人才的培育，亟须从人才培养模式层面进行深度革新与重塑。

职业院校技术技能型人才培养的核心目标，是向社会输送既具备爱国情怀、勤学精神、励志品质、笃行实践等综合素质，又能适应社会需求与企业发展的大国工匠。具体而言，爱国体现在培养能为社会主义现代化建设贡献力量、致力于实现中华民族伟大复兴及传承中国传统文化与传统技艺的高素质人才；勤学则强调树立终身学习的理念，培养良好的学习习惯，实现智慧与品德的双重提升；励志则着重于培养具有积极进取态度、热爱本职工作、追求精湛技艺的工匠精神，以及勇于创新、敢于领先的创造性人才；同时，注重培养对行业趋势敏感、紧跟技术进步，持续学习新知识、新技术，能够灵活应对行业变迁与科技革命挑战的技术型人才。

二、人才培养模式改革的核心要素

首先，人才培养模式改革的核心要素是对烹饪专业技术技能型人才培养模式的深入调研与细致分析。我们通过与长期保持校企合作的酒店及餐饮企业进行紧密沟通，全面调研了行业的发展前景、人才的招聘标准、岗位所需的技能、烹饪的操作流程及技术规范，从而深刻认识到烹饪行业对于具备精湛烹饪技艺、强大问题分析与解决能力的人才有着迫切需求。基于此，我们明确了技术技能型人才培养的核心目标，并确立了人才培养模式创新的关键内容。

其次，我们致力于构建一个全新的教学体系。传统的人才培养模式往往将专业理论知识、专业技能的培养以及实习实训环节相互衔接，旨在培养出实践能力出众、综合素养全面的学生。然而，针对烹饪专业的独特性质，我们对人才培养模式的各个阶段、内容及项目进行了重新规划与整合，形成了包含四个阶段的人才培养体系：第一阶段侧重于培养学生的烹饪基本功、面点基本功以及雕刻与菜点装饰等基础技能；第二阶段则着重于菜点制作技术及营养配餐技术等核心技能的掌握；第三阶段进一步拓展至地方菜制作技术、管理技能和服务技能等；而第四阶段则聚焦于菜点设计与创新、综合技能训练及企业顶岗实践等高级技能的提升。

再次，我们还高度重视课程和教材的开发工作。针对烹饪专业技术技能型人才培养的具体需求，我们致力于开发既符合学生认知规律，又紧密贴合烹饪专业人才培养目标和餐饮企业、烹饪岗位技能要求的校本教材。同时，我们努力构建一个系统化、科学化、技能化的课程体系，以确保职业院校烹饪专业技术技能型人才培养的质量。

最后，我们着手改革实践教学质量监控体系，以确保烹饪专业人才培养的高品质。我们严格监督烹饪专业人才培养方案的制定与执行情况，确保人才培养目标、人才培养体系和课程体系的科学性；我们全力保障教学资源与教学条件的充足与优质，为烹饪专业技术技能型人才培养提供坚实的教学支撑和卓越的师资队伍；我们全面加强对教学管理及课堂教学的课前、课中、课后环节的监控与管理；同时，我们还密切关注学生的知识掌握情况、能力发展和素养提升，并就学生的就业创业情况、企业反馈及社会声誉等方面进行教学效果的全面监督。

第三节　校企合作模式创新

一、校企合作背景与意义

（一）背景分析

随着我国餐饮业的蓬勃发展，对烹饪技能人才的需求日益增长，且呈现出多元化、精细化的趋势。中职烹饪教育作为培养烹饪技能人才的重要阵地，面临着前所未有的机遇与挑战。然而，传统的教学模式往往侧重于理论知识的传授，忽视了实践技能的培养，导致毕业生难以迅速适应市场需求。因此，探索校企合作模式创新，深化产教融合，成为提升中职烹饪教育质量、培养符合行业需求的技术技能型人才的关键路径。

（二）重要意义

1. 促进理论与实践相结合

校企合作模式能够打破学校与企业的界限，使学生有机会在真实的工作环境中学习和实践，从而更好地将理论知识转化为实践技能。

2. 提升人才培养质量

通过与行业企业的紧密合作，学校能够及时了解市场需求和行业动态，调整课程设置和教学内容，确保人才培养的针对性和实效性。

3. 增强学生就业竞争力

校企合作模式能够为学生提供更多的实习机会和就业渠道，帮助他们积累工作经验，提升职业素养，从而增强在就业市场上的竞争力。

4. 推动产业升级与创新

学校与企业的深度合作，有助于推动烹饪技术的创新与发展，促进餐饮行业的转型升级和可持续发展。

二、校企合作模式创新实践

（一）共建实训基地

学校与企业合作共建烹饪实训基地，是实现产教融合的重要途径。实训基地可以模拟真实的工作环境，配备先进的烹饪设备和教学设施，为学生提供充足的实践机会。同时，企业可以派遣经验丰富的厨师和技术人员担任实训指导教师，传授实践经验和技术秘诀。通过共建实训基地，学校与企业能够共同制订实训计划和考核标准，确保实训的效果和质量。

（二）实施订单式培养

订单式培养是校企合作模式的一种重要形式。学校根据企业的用人需求，与企业签订人才培养协议，共同制定人才培养方案和教学计划。在教学过程中，学校注重培养学生的实践能力和职业素养，确保学生毕业后能够迅速适应企业的工作要求。同时，企业也会为学生提供实习机会和就业岗位，实现校企双赢。

（三）开展校企联合研发

校企联合研发是推动烹饪技术创新与发展的重要手段。学校与企业可以共同组建研发团队，针对市场需求和消费者喜好，研发新菜品、新技术和新工艺。通过校企联合研发，不仅能够提升学生的创新能力和实践能力，还能够推动企业的技术进步和产品升级，为餐饮行业的发展注入新的活力。

（四）建立师资互聘机制

师资互聘机制是校企合作模式的重要补充。学校可以聘请企业中的优秀厨师和技术人员担任兼职教师，为学生传授实践经验和技术秘诀。同时，学校的专任教师也可以到企业中进行实践锻炼和学术交流，了解行业动态和技术前沿。通过师资互聘机制，学校与企业能够共享优质教育资源，提升教学质量和效果。

（五）构建多元化评价体系

传统的评价体系往往侧重于学生的考试成绩和理论知识掌握情况，而忽视了实践能力和职业素养的评价。校企合作模式下，学校与企业可以共同构建多元化评价体系，将学生的实践表现、职业素养、创新能力等方面纳入评价范围。通过多元化评价体系，能够更全面地反映学生的综合素质和能力水平，为企业的用人决策提供有力支持。

三、校企合作模式创新的典型案例

案例一：某中职烹饪学校与知名餐饮集团共建实训基地

某中职烹饪学校与国内知名餐饮集团合作共建了烹饪实训基地。该实训基地占地面积广阔，设备先进齐全，模拟了多种餐饮场景和工作环境。学校与企业共同制订了实训计划和考核标准，确保实训内容与企业需求紧密对接。在实训过程中，企业派遣了经验丰富的厨师和技术人员担任实训指导教师，为学生提供了一对一的指导和帮助。通过共建实训基地，该校学生的实践能力和职业素养得到了显著提升，毕业后迅速成为企业争相聘用的对象。

案例二：某中职烹饪学校实施订单式培养项目

某中职烹饪学校与当地多家知名餐饮企业签订了人才培养协议，实施了订单式培养项目。该项目根据企业的用人需求，制订了详细的人才培养方案和教学计划。在教学过程中，学校注重培养学生的实践能力和职业素养，通过模拟实训、企业实习等方式，让学生深入了解企业的工作流程和岗位要求。同时，企业也为学生提供了大量实习机会和就业岗位。通过订单式培养项目，该校学生的就业率和就业质量均得到显著提升。

案例三：某中职烹饪学校与企业联合研发新菜品

某中职烹饪学校与当地一家知名餐饮企业合作，共同研发了一系列新菜品。该校与企业组建了联合研发团队，针对市场需求和消费者喜好进行了深入调研和分析。在研发过程中，学校与企业充分发挥各自的优势和资源，共同攻克了技术难关和创意瓶颈。最终，该系列新菜品在市场上获得了广泛好评和认可，不仅提升了企业的品牌形象和市场竞争力，也为该校学生提供了宝贵的实践经验。

中职烹饪教学校企合作模式的创新是提升教学质量、培养高素质烹饪技能人才的重要途径。通过共建实训基地、实施订单式培养、开展校企联合研发、建立师资互聘机制和构建多元化评价体系，可以有效推动人才培养模式的改革与发展。

第五章　烹饪专业群创新型技能人才培养模式改革的实施成效

　　餐饮行业发展过程中对于烹饪人才的需求量相对较大，因此我国职业院校也在积极培养烹饪专业人才，希望能够更好地推动餐饮行业的发展。但是烹饪专业人才需要拥有较强的实践操作能力，才能更好地解决自身的就业问题。因此职业院校要不断通过人才培养模式的改革，更好地提升烹饪专业人才培养质量。产教融合是烹饪专业人才培养模式改革的有效举措，但是在产教融合过程中也需要讲究一定的策略和方法，才能更好地保证人才培养的质量。

第一节　人才培养促进餐饮行业发展升级

　　在当今快速发展的社会经济环境中，餐饮行业作为服务业的重要支柱，其创新与升级直接关系到地方经济的繁荣与文化的传承。中职烹饪教育，作为烹饪技能人才培养的基石，其教学模式的革新显得尤为重要。近年来，"研、推、赛"创新型烹饪技能人才培养模式在中职烹饪教育中的实施，不仅显著提升了人才培养质量，还促进了餐饮行业的升级与发展。本文将从产教融合、双师型教师培养及校企资源合理配置三个方面，深入探讨这一模式如何促进中职烹饪教育的发展，进而推动餐饮行业的升级。

一、产教融合有利于提高人才培养质量

　　产教融合是职业教育发展的核心战略，对于中职烹饪教育而言，更是提升人才培养质量的关键。在"研、推、赛"模式下，产教融合被赋予了新的生命力，实现了教育与产业的深度融合，为烹饪技能人才的培养注入了新的活力。

（一）精准对接市场需求，优化专业设置

通过与企业紧密合作，中职烹饪教育能够及时了解烹饪产业的最新动态和市场需求，从而调整和优化专业设置。学校根据企业反馈和市场调研结果，开设符合市场需求的专业方向，如中式烹饪、西式烘焙、地方特色小吃等，确保学生所学知识与市场需求高度契合。这种精准对接不仅提高了学生的就业竞争力，也为餐饮行业的多样化发展提供了有力的人才支撑。

（二）引入企业标准，提升教学质量

产教融合还促使中职烹饪教育引入企业标准，将企业的实际操作规范、技能要求和职业素养融入教学过程。学校与企业共同制定人才培养方案和教学计划，确保教学内容与行业标准相衔接。同时，学校可邀请企业技术骨干和专家担任兼职教师或开展专题讲座，将最新的烹饪技术和市场动态带入课堂。这种教学模式的变革，有效提升了教学质量和学生的实践能力。

（三）强化实践教学，培养应用型人才

实践教学是中职烹饪教育的灵魂。在"研、推、赛"模式下，学校与企业合作建立实训基地和研发中心，为学生提供丰富的实践机会。学生可以在实训基地中模拟真实的工作环境，进行烹饪技能的学习和训练。此外，学校还鼓励学生参与企业的实际项目，如新品研发、菜品改良等，让学生在实践中锻炼能力、积累经验。这种强化实践教学的模式，培养了大量具备扎实理论基础和熟练操作技能的应用型人才，为烹饪产业的转型升级提供了有力的人才保障。

二、有利于中职院校双师型教师培养

双师型教师是中职烹饪教育师资队伍建设的核心。在"研、推、赛"模式下，双师型教师的培养得到了前所未有的重视和支持，为中职烹饪教育的发展注入了新的动力。

（一）搭建平台，促进教师技能提升

学校积极搭建校企合作平台，为教师提供技能提升的机会。通过组织教

师到企业挂职锻炼、参与企业项目研发等方式,使教师深入了解烹饪产业的最新技术和市场动态。同时,学校还鼓励教师参加各类烹饪技能大赛和学术交流活动,拓宽视野、增长见识、提升技能水平。这些举措不仅能促进教师个人技能的提升,还能提高师资队伍的整体素质。

(二) 建立机制,激励教师积极参与

为了激发教师参与产教融合的积极性,学校建立了相应的激励机制。通过设立教学科研成果奖、优秀教师奖等奖项,对在产教融合中表现突出的教师进行表彰和奖励。同时,学校还将教师的产教融合成果纳入职称评审和绩效考核体系,作为评价教师工作业绩的重要依据。这种机制的建立,有效激发了教师的内在动力,促进了双师型教师队伍的快速发展。

(三) 强化培训,提升教师教育教学能力

除技能提升外,学校还注重提升教师的教育教学能力。通过组织教师参加教学法培训、课程设计研讨等活动,使教师掌握先进的教学理念和方法。同时,学校还鼓励教师开展教学研究活动,探索符合中职烹饪教育特点的教学模式和方法。这些举措不仅提升了教师的教育教学能力,也促进了中职烹饪教育质量的整体提升。

三、产教融合有利于校企资源的合理配置

产教融合不仅促进了人才培养质量的提升和双师型教师队伍的建设,还有利于校企资源的合理配置和高效利用。在"研、推、赛"模式下,校企双方通过深度合作实现了资源共享、优势互补和互利共赢。

(一) 共享教学资源和实训条件

学校与企业合作建立实训基地和研发中心等教学科研平台,实现了教学资源和实训条件的共享。企业为学校提供先进的烹饪设备和工具及真实的职业环境;学校则利用自身的教学科研优势和人才资源为企业开展员工培训、技术研发和咨询服务等工作。这种资源共享模式不仅降低了双方的成本投入和资源浪费现象的发生概率,还提高了资源的使用效率和效益水平。

（二）联合开展科研项目和技术攻关

学校与企业联合开展科研项目和技术攻关工作是实现资源共享和优势互补的重要途径之一。双方围绕烹饪产业发展中的关键技术问题和市场需求痛点进行深入研究和探索，共同攻克技术难关并推动成果转化应用。这种合作模式不仅有助于提升企业的技术创新能力和市场竞争力水平，还有助于学校提升教学科研水平，推动产学研深度融合发展。

第二节　多渠道提升社会服务能力

在烹饪技能人才培养领域，中职烹饪教育作为连接教育与行业的重要桥梁，其社会服务能力的高低直接关系到人才培养的成效及行业发展的推动力。近年来，"研、推、赛"人才培养模式在中职烹饪教育中的实施，旨在通过多元化渠道提升学校的社会服务能力，为烹饪产业输送更多技能型人才。然而，在改革过程中，我们也面临着诸多挑战，如人才培养定位不精准、学校与企业合作基础薄弱以及培养模式与企业需求之间的矛盾等。本文将从这些问题出发，探讨如何通过多渠道策略有效提升中职烹饪教育的社会服务能力。

一、人才培养定位不精准的挑战与应对

（一）挑战分析

人才培养定位是教育活动的起点和归宿，其精准性直接影响到人才培养的质量和效率。当前，部分中职烹饪教育在人才培养定位上存在模糊性和片面性，未能充分考虑市场需求、学生兴趣及职业发展规划等因素，导致培养出的学生难以适应行业发展的需求。

（二）应对策略

1. 深入调研市场需求

学校应加强与餐饮行业协会、企业等机构的沟通与合作，通过定期调研、座谈会等形式，准确把握行业发展趋势和市场需求变化，为人才培养提供科学依据。

2. 优化专业设置与课程体系

根据市场需求调研结果，学校应适时调整专业设置，优化课程体系，确保教学内容与行业标准相衔接，同时注重培养学生的创新思维和实践能力。

3. 实施个性化教育

针对不同学生的兴趣爱好和职业规划，学校应提供多样化的选修课程和实训项目，实施个性化教育，激发学生的学习兴趣和潜能。

二、学校和企业之间缺乏扎实的合作基础的挑战与应对

（一）挑战分析

校企合作是提升中职烹饪教育社会服务能力的重要途径。然而，目前许多中职烹饪学校与企业之间的合作仍处于浅层次状态，缺乏长期稳定的合作机制和深厚的合作基础。这导致学校在获取企业资源、了解行业动态等方面存在困难，难以有效提升学生的实践能力和职业素养。

（二）应对策略

1. 建立校企合作长效机制

学校应与企业共同制定合作规划，明确合作目标、内容和方式，建立定期交流、互访等机制，确保校企合作的持续性和稳定性。

2. 深化产教融合

学校应积极探索产教融合的新模式和新路径，如共建实训基地、研发中心等，实现资源共享、优势互补。同时，鼓励教师深入企业实践锻炼，提升教师的专业技能和实践能力。

3. 拓展合作领域

除传统的实训合作外，学校还应与企业合作开展技术研发、产品推广等多元化合作项目，拓宽合作领域和深度。

三、培养模式与企业需求之间存在矛盾的挑战与应对

（一）挑战分析

在"研、推、赛"创新型烹饪技能人才培养模式中，如何确保培养出的

学生能够满足企业需求是关键问题之一。然而，当前部分中职烹饪教育的培养模式仍然存在与企业需求脱节的现象，如理论教学与实践操作脱节、技能培养与市场需求不匹配等。

（二）应对策略

1. 强化实践教学环节

学校应加大实践教学比重，构建以能力为本位的教学体系。通过引入企业真实项目、模拟企业工作环境等方式，让学生在实践中掌握技能、积累经验。

2. 建立校企共育机制

学校应与企业共同制定人才培养方案和教学计划，确保教学内容与行业标准相衔接。同时，邀请企业专家参与教学过程，提供行业前沿知识和实践经验分享。

3. 开展订单式培养

针对企业特定需求，学校可与企业合作开展订单式培养项目。通过与企业签订合作协议，明确培养目标、课程设置和就业方向等，实现人才培养与就业的无缝对接。

（三）多渠道提升社会服务能力的综合策略

除针对上述具体问题的应对策略外，中职烹饪教育还应从以下几个方面入手，全面提升社会服务能力。

1. 加强师资队伍建设

教师是提升社会服务能力的关键因素。学校应加大师资培训力度，提升教师的专业素养和教学能力；同时，积极引进具有行业背景和实践经验的教师或兼职教师，丰富师资队伍结构。

2. 推动科研与社会服务相结合

学校应鼓励教师开展与餐饮行业相关的科研工作，推动科研成果向生产力转化；同时，将科研成果应用于教学中，提升教学质量和效果。此外，学校还应积极为地方政府和企业提供技术咨询、产品开发等服务，推动地方经济发展。

3. 拓宽社会服务领域

除了传统的烹饪技能培训和人才培养，学校还应积极拓展社会服务领域。例如，开展烹饪文化推广、食品安全知识普及等活动；为社区居民提供烹饪技能培训、营养膳食指导等服务；为餐饮企业提供菜品研发、厨房管理咨询等服务。通过这些多元化服务形式，提升学校的社会影响力。

第三节　多方共赢促进"技能工坊"长效运行

在职业教育领域，中职烹饪教育作为培养餐饮行业技能型人才的重要阵地，其教学模式与教学方法的创新直接关系到人才培养的质量与效率。近年来，"研、推、赛"创新型烹饪技能人才培养模式在中职烹饪教育中的深入实施，不仅激发了学生的学习兴趣与创造力，还促进了产教融合、校企合作的多方共赢局面，为"技能工坊"的长效运行奠定了坚实基础。本文将从优化产教融合、拓展参与广度与深度、强化实习实训、丰富教学内容以及举办专业技能大赛等五个方面，深入探讨这一模式的实施成效及其对中职烹饪教育的深远影响。

一、优化产教融合、多方协同育人模式

产教融合是职业教育发展的必由之路，也是"技能工坊"长效运行的关键所在。在"研、推、赛"创新型烹饪技能人才培养模式下，中职烹饪教育积极构建政府引导、行业指导、企业参与的办学机制，实现了教育链、人才链与产业链、创新链的有效衔接。学校通过与企业共建实训基地、研发中心，将企业的真实项目引入课堂，使学生在实践中学习，在学习中实践，有效提升了学生的专业技能和职业素养。同时，企业也通过参与人才培养过程，获得了符合自身需求的高素质技能型人才，实现了人力资源的优化配置。此外，政府通过政策引导和支持，为产教融合提供了良好的外部环境，促进了教育链与产业链的深度融合。

二、拓展企业、学校、政府参与人才培养的广度和深度

在"研、推、赛"创新型烹饪技能人才培养模式的推动下，企业、学校、政府三方的合作不再局限于传统的实训环节，而是向更深层次、更广领域拓

展。企业不仅提供实习岗位和教学资源，还参与课程设置、教材编写等教学全过程，确保教学内容与行业标准相衔接。学校则根据企业需求调整教学计划，灵活设置课程模块，实现教学内容的动态更新。政府则通过制定相关政策、提供资金支持等方式，为校企合作搭建平台，推动教育资源的优化配置。这种多方协同、深度参与的人才培养模式，不仅提高了人才培养的针对性和实效性，还促进了职业教育与经济社会发展的深度融合。

三、积极组织学生到企业实习，开展校企合作教学

实训是中职烹饪教育的重要环节，也是学生将所学知识转化为实践能力的重要途径。在"研、推、赛"创新型烹饪技能人才培养模式下，学校积极组织学生到企业实习，让学生在真实的工作环境中感受企业文化、学习岗位技能、积累工作经验。同时，学校还与企业合作开展教学活动，邀请企业专家进校授课，分享行业前沿知识和实践经验；组织教师深入企业实践锻炼，提升教师的专业技能和实践能力。这种校企合作的教学方式，不仅丰富了教学资源，还提高了教学质量和效果，为学生未来的职业发展奠定了坚实基础。

四、拓展教学内容，使烹饪专业人才培养更加全面

在"研、推、赛"创新型烹饪技能人才培养模式的引领下，中职烹饪教育不断拓展教学内容，注重培养学生的综合素质和创新能力。除传统的烹饪技艺传授外，学校还增加了营养学、食品安全、餐饮管理等相关课程的学习，使学生掌握全面的烹饪知识和技能。同时，学校还注重培养学生的创新思维和实践能力，鼓励学生参与科研项目、技术创新等活动，激发学生的创造力和想象力。这种全面而深入的教学内容设计，不仅提高了学生的专业素养和综合能力，还为他们未来的职业发展提供了更广阔的空间和可能。

五、有效开展专业技能大赛，提高学习兴趣

专业技能大赛是检验学生学习成果、展示专业技能的重要平台。在"研、推、赛"模式下，学校积极组织学生参加各级各类烹饪技能大赛，通过比赛激发学生的学习兴趣和竞争意识。在备赛过程中，学生不仅能够巩固所学知识、提升技能水平，还能够锻炼团队协作能力和应变能力。同时，学校还通过举办校内技能竞赛、邀请行业专家点评指导等方式，为学生提供更多的展

示机会和学习资源。这种以赛促学、以赛促教的教学方式，不仅提高了学生的学习兴趣和积极性，还促进了教学质量的不断提升。

综上所述，"研、推、赛"创新型烹饪技能人才培养模式改革在中职烹饪教育中的实施成效显著。通过优化产教融合、拓展参与广度与深度、强化实习实训、丰富教学内容以及举办专业技能大赛等多元化策略的实施，不仅促进了"技能工坊"的长效运行和多方共赢局面的形成，还为中职烹饪教育的高质量发展注入了新的活力和动力。未来，随着这一模式的不断深化和完善，我们有理由相信中职烹饪教育将迎来更加美好的发展前景。

第六章　烹饪专业群创新型技能人才培养模式改革的反思与改进策略

伴随着国家经济与社会的快速发展，现阶段人们的生活水平显著提升，对饮食的关注度日益增强。我国各地域独特的饮食文化应运而生，这极大地促进了餐饮业的蓬勃发展。因此，众多地区对餐饮及烹饪人才的需求急剧增长，为中职学校烹饪专业的发展带来了诸多机遇。众多学生鉴于该专业广阔的发展前景，纷纷选择就读。同时，在素质教育的引领下，新课改背景下的烹饪专业需不断创新教学方法，发挥创新与实践教学模式的优势，为社会输送更多高素质的烹饪人才。

在中职烹饪教育领域，"研、推、赛"创新型技能人才培养模式作为一种旨在提升学生实践能力、创新能力和职业素养的重要途径，近年来得到了广泛实践与应用。然而，在其实施过程中，也暴露出了一些不容忽视的问题与不足。本文将以"据赛"为核心，即侧重于通过比赛机制促进烹饪技能人才培养的反思，深入分析"研、推、赛"模式中的不足，并提出相应的改进策略，以期为中职烹饪教育的持续健康发展提供参考。

第一节　烹饪专业群创新型技能人才培养模式的不足分析

一、学生意识薄弱，动力不足

在"研、推、赛"模式中，比赛作为检验学生学习成果、激发学习动力的重要手段，本应成为推动学生积极参与、主动提升的关键环节。然而，在实际操作中，部分学生却表现出意识薄弱、动力不足的问题。这主要体现在以下几个方面：

1. 目标不明确

部分学生缺乏明确的职业规划和学习目标，对参加烹饪技能大赛的意义认识不足，仅将其视为一项任务或活动，缺乏内在的驱动力。

2. 竞争意识不强

在长期的应试教育背景下，部分学生习惯于被动接受知识，缺乏主动竞争和挑战自我的意识，难以在比赛中充分发挥潜力。

3. 兴趣不浓厚

烹饪作为一门实践性极强的学科，需要学生具备浓厚的兴趣和持久的热情。然而，部分学生因兴趣不浓厚或受其他因素影响，对烹饪技能的学习缺乏持久的动力。

二、学生练习机会匮乏，技能生疏

烹饪技能的提升离不开大量的实践练习。然而，在"研、推、赛"模式的实施过程中，学生往往面临练习机会匮乏、技能生疏的困境。这主要表现在：

1. 教学资源有限

部分中职学校由于资金、场地等条件限制，难以为学生提供充足的实训设备和材料，导致学生无法进行充分的实践练习。

2. 课程设置不合理

部分学校的课程设置过于注重理论知识传授，忽视了实践操作的重要性，导致学生在课堂上缺乏实践机会，技能水平难以得到有效提升。

3. 比赛准备不充分

在备战烹饪技能大赛的过程中，部分学生由于时间紧迫、经验不足等原因，未能得到充分的指导和训练，导致在比赛中表现不佳，影响了自信心和学习积极性。

三、师资力量薄弱，教学忽视学生主体地位

教师是烹饪技能人才培养的关键因素。然而，在"研、推、赛"模式的实施过程中，师资力量的薄弱和教学理念的滞后也成为制约人才培养质量的重要因素。

1. 师资结构不合理

部分中职学校烹饪专业教师数量不足，且存在年龄偏大、知识结构老化等问题，难以适应现代烹饪技能人才培养的需求。

2. 教学理念滞后

部分教师仍沿用传统的教学方法和手段，忽视了学生的主体地位和个体差异，缺乏对学生创新思维和实践能力的培养。

3. 指导能力不足

在比赛指导方面，部分教师缺乏丰富的经验和专业的技能，难以为学生提供有效的指导和支持，影响了学生的比赛成绩和职业发展。

四、改进策略

针对上述问题与不足，我们提出以下改进策略：

（一）增强学生意识与动力

1. 加强职业规划教育

通过开设职业规划课程、邀请行业专家讲座等方式，帮助学生明确职业目标和发展方向，激发其内在的学习动力。

2. 强化竞争意识培养

通过组织校内外烹饪技能竞赛、设立奖学金和荣誉证书等方式，增强学生的竞争意识和挑战精神。

3. 激发学习兴趣

通过丰富教学内容、创新教学方法等手段，激发学生的学习兴趣和热情，使其更加主动地投入烹饪技能的学习。

（二）增加学生练习机会

1. 扩大实训场地和设备投入

积极争取政府和社会各界的支持，加大实训场地和设备的投入力度，为学生提供充足的实践练习条件。

2. 优化课程设置

合理调整课程结构，增加实践操作课程的比重，确保学生有足够的时间进行实践练习。

3. 加强赛前训练

针对烹饪技能大赛的特点和要求，制订科学的训练计划和方案，为学生提供充分的赛前指导和训练。

（三）加强师资队伍建设

1. 引进优秀人才

通过招聘、引进等方式，吸引具有丰富实践经验和专业技能的烹饪人才加入教师队伍。

2. 加强教师培训

定期组织教师参加专业技能培训、教学研讨会等活动，提升其教学水平和指导能力。

3. 转变教学理念

鼓励教师树立以学生为中心的教学理念，关注学生的个体差异和发展需求，采用多元化的教学方法和手段进行教学。

在职业教育领域，烹饪技能作为一项既传统又充满创新活力的技能，其人才培养模式一直备受关注。近年来，"研、推、赛"作为一种创新型烹饪技能人才培养模式，在激发学生学习兴趣、提升技能水平、促进校企合作等方面发挥了积极作用。然而，随着教育改革的深入和行业发展的变化，该模式也面临着新的挑战与反思。本文将以"据赛"为核心，重点探讨其创新型烹饪技能人才培养模式的改进策略，以期为中职烹饪教育的持续发展提供借鉴。

第二节　烹饪专业群创新型技能人才培养模式的改进策略

一、改变教学方式，改革教学评价

（一）教学方式的革新

传统的烹饪教学方式往往侧重于理论知识的传授和技能的简单模仿，忽视了学生创新思维和实践能力的培养。为了适应行业发展的需求，必须对传统的教学方式进行革新。具体而言，可以采取以下措施：

1. 项目式学习

将烹饪技能的学习融入具体的项目中，让学生在完成项目的过程中学习技能、解决问题、培养创新思维。这种教学方式能够激发学生的学习兴趣和主动性，提高其综合应用能力。

2. 翻转课堂

利用现代信息技术手段，将课堂内外的学习活动进行翻转。学生在课前通过观看教学视频、阅读相关资料等方式自主学习理论知识，课堂上则主要进行实践操作、讨论交流和问题解答。这种教学方式能够充分利用课堂时间，提高教学效率。

3. 个性化教学

根据学生的兴趣、特长和学习进度，提供个性化的教学方案和指导。通过差异化教学，满足不同学生的学习需求，促进其全面发展。

（二）教学评价的改革

教学评价是检验教学效果、促进教学改革的重要手段。为了更准确地反映学生的真实水平和能力，必须对教学评价进行改革。具体而言，可以采取以下措施：

1. 多元化评价

除传统的考试成绩外，还应将学生的实践能力、创新能力、团队协作能力等纳入评价体系。通过多元化评价，全面反映学生的综合素质和能力水平。

2. 过程性评价

注重对学生学习过程的评价，关注学生在学习过程中的表现、努力和进步。通过过程性评价，及时发现问题、解决问题，促进学生的持续发展。

3. 行业评价

邀请行业专家、企业代表等参与教学评价，将行业标准和企业需求融入评价体系中。通过行业评价，使教学更加贴近市场需求，提高学生的就业竞争力。

二、增强中职烹饪专业化建设

（一）优化课程设置

根据烹饪行业的发展趋势和市场需求，优化课程设置，确保教学内容的前沿性和实用性。具体而言，可以增加营养学、食品安全、餐饮管理等相关课程的学习，使学生掌握全面的烹饪知识和技能。同时，根据行业特点和企业需求，灵活设置选修课程和方向课程，满足学生的个性化学习需求。

（二）加强实训基地建设

实训基地是烹饪技能人才培养的重要场所。为了提高学生的实践能力和技能水平，必须加强实训基地建设。具体而言，可以扩大实训场地规模、更新实训设备设施、完善实训管理制度等。同时，积极与企业合作共建实训基地，实现资源共享和优势互补。

（三）推进师资队伍建设

教师是烹饪技能人才培养的关键因素。为了提高教学质量和效果，必须推进师资队伍建设。具体而言，可以加大引进力度，吸引具有丰富实践经验和专业技能的烹饪人才加入教师队伍；加强教师培训，提高其教学水平和指导能力；鼓励教师参与行业实践和企业合作，了解行业发展趋势和企业需求，为教学提供有力支持。

三、积极以学校为核心，企业为重点，加强校企合作

（一）明确校企合作目标

校企合作是烹饪技能人才培养的重要途径。为了推动校企合作的深入发展，必须明确校企合作的目标。具体而言，可以围绕人才培养、技术创新、社会服务等方面制定具体的合作目标和计划。通过明确目标，使校企合作更加有针对性和实效性。

（二）创新校企合作模式

传统的校企合作模式往往存在合作形式单一、合作内容肤浅等问题。为了推动校企合作的深入发展，必须创新校企合作模式。具体而言，可以采取以下措施：

1. 共建实训基地

学校与企业合作共建实训基地，实现资源共享和优势互补。通过共建实

训基地，为学生提供更加真实、贴近市场的实践环境。

2. 联合人才培养

学校与企业共同制订人才培养方案和教学计划，实现教学内容与行业需求的有效对接。通过联合人才培养，提高学生的就业竞争力和职业素养。

3. 技术研发与合作

学校与企业合作开展技术研发和创新活动，推动烹饪技术的不断进步和发展。通过技术研发与合作，提高学校的科研水平和企业的技术创新能力。

（三）完善校企合作机制

为了保障校企合作的顺利进行和深入发展，必须完善校企合作机制。具体而言，可以建立校企合作协调机构和工作机制，明确各方职责和权利；制定合作计划和实施方案，确保合作项目的顺利推进；加强沟通与交流，及时解决合作过程中出现的问题和困难。同时，建立健全的考核评价机制，对校企合作的效果进行定期评估和反馈，为改进合作提供有力支持。

第三节 "1+X"证书制度背景下高等烹饪教育人才培养模式建设思考

一、高等烹饪教育发展现状分析

在探讨"1+X"证书制度对高等烹饪教育人才培养模式的影响之前，首先需要对当前高等烹饪教育的现状进行全面分析，包括其招生与就业情况、现有的人才培养模式以及教学过程中存在的问题。

（一）高等烹饪教育专业招生和就业现状

近年来，随着餐饮行业的蓬勃发展，市场对高素质烹饪人才的需求日益增长，推动了高等烹饪教育的快速发展。然而，在招生方面，高等烹饪教育仍面临一定挑战。一方面，尽管烹饪作为一门实用技能受到社会认可，但部分学生和家长对其职业前景的认知仍存偏见，导致招生规模难以迅速扩大。另一方面，随着高校扩招政策的实施，烹饪教育专业也面临与其他热门专业争夺生源的压力。

在就业方面，高等烹饪教育专业的毕业生展现出较强的就业竞争力。他们不仅具备扎实的烹饪技能和理论知识，还具备较高的职业素养和创新能力，深受餐饮企业的青睐。然而，就业市场也呈现出一定的结构性矛盾。一方面，高素质烹饪人才供不应求，尤其是具备国际视野和创新能力的复合型人才；另一方面，部分毕业生因技能单一或缺乏实践经验而难以找到理想的工作。

（二）高等烹饪教育专业人才培养模式分析

当前，高等烹饪教育专业的人才培养模式多种多样，但大多围绕"理论+实践"的框架展开。在理论教学方面，学校注重传授烹饪原理、营养学、食品科学等基础知识，为学生打下坚实的理论基础。在实践教学方面，学校通过实验室操作、校企合作、实习实训等方式，加强学生的实践技能培养。然而，这种模式在实际应用中仍存在一些问题，如理论与实践脱节、教学内容滞后于行业需求等。

（三）高等烹饪教育课程教学过程问题分析

在课程教学过程中，高等烹饪教育面临的主要问题包括以下几个方面：

1. 师资力量不足

部分教师缺乏实战经验和最新的行业知识，难以有效传授学生实际操作的技能和最新的厨艺知识。

2. 教学设备落后

一些学校的教学设备较为陈旧，无法满足学生实际操作的需求，影响了教学效果。

3. 课程内容滞后

随着餐饮行业的快速发展，教学内容未能及时更新，导致学生学到的知识与实际就业需求脱节。

4. 实践环节薄弱

部分学校实践教学环节不足，学生缺乏足够的实践机会，难以将理论知识转化为实际操作能力。

二、高等烹饪教育专业人才培养与"1+X"证书制度结合的必要性

"1+X"证书制度是国家职业教育改革的重要举措，旨在通过学历证书与

多种职业技能等级证书的结合，提升学生的就业竞争力和职业发展能力。在高等烹饪教育领域，将"1+X"证书制度融入人才培养模式中，具有以下几个方面的必要性：

1. 适应行业需求

随着餐饮行业的快速发展，企业对高素质烹饪人才的需求日益迫切。将"1+X"证书制度融入人才培养模式中，可以使学生更好地适应行业需求，提升就业竞争力。

2. 促进技能提升

通过考取职业技能等级证书，学生可以系统地学习和掌握烹饪领域的各项技能，实现技能水平的全面提升。

3. 增强综合素质

职业技能等级证书的考取过程不仅要求学生具备扎实的专业技能，还注重培养学生的职业素养、创新意识和团队合作能力等综合素质。

4. 推动教学改革

实施"1+X"证书制度可以促使学校不断更新教学内容和方法，加强与企业的合作，推动教学模式的改革和创新。

三、人才培养模式构建的建议

在"1+X"证书制度背景下，构建高等烹饪教育人才培养模式需要从多个方面入手，具体建议如下：

（一）明确培养目标与规格

根据"1+X"证书制度的要求和行业发展的需求，明确高等烹饪教育专业的培养目标与规格。在培养目标上，应注重学生专业技能、职业素养和综合素质的全面发展；在培养规格上，应细化各项技能指标和职业素养要求，确保学生毕业后能够迅速适应行业需求。

（二）优化课程体系与教学内容

1. 更新教学内容

根据行业发展趋势和市场需求，及时更新烹饪教育专业的课程内容，确保学生学到的知识与技能符合行业需求。

2. 增设拓展课程

在原有课程基础上，增设与职业技能等级证书相关的拓展课程，如烹饪艺术、营养配餐、食品安全等，拓宽学生的知识面和技能领域。

3. 强化实践教学

加大实践教学比重，通过实验室操作、校企合作、实习实训等方式，加强学生的实践技能培养。同时，建立科学的实践教学评价体系，确保实践教学效果。

（三）加强师资队伍建设

1. 引进优秀人才

积极引进具有丰富实践经验和行业背景的优秀人才担任教师，提升教师队伍的整体水平。

2. 加强教师培训

定期组织教师参加行业培训、学术交流等活动，提升教师的专业技能和教学水平。同时，鼓励教师深入企业实践，了解行业需求和技术动态。

3. 建立激励机制

建立健全的教师激励机制，通过奖励优秀教学成果、提供晋升机会等方式，激发教师的工作积极性和创造力。

第七章 烹饪专业群创新型技能人才培养模式实践的典型案例

随着餐饮业的快速发展，社会对从业人员的"质和量"都提出了新要求。本章针对烹饪学生存在的问题，阐述了人才培养模式创新、校企合作、技能比赛、专业群建设等方面的思路与举措。

第一节 共享私厨：中职烹饪专业人才培养模式的创新
——以广西桂林商贸旅游技工学校为例

随着经济建设的快速发展，人们对生活品质的需求不断提高。餐饮行业的迅猛发展让培养烹饪人才有了新的机遇和挑战。我国中等职业教育起步较晚，普通的人才培养模式已跟不上市场规律的发展，产教融合新模式在这样的背景下应运而生。产教融合是学校烹饪专业生存和发展的迫切改革需要。

当前，厨师上门烹饪是最新流行的生活用餐方式，市场需求量大。为了更好地打造产教融合人才培养模式，为学生搭建一个能够推动学生就业，增加学生实践的机会，打造"人才共育、过程共管、成果共享、私人订制"的共享私厨新模式，不仅能推动中职学校烹饪专业发展，形成特色的创新办学模式，还可以深化教学改革，加快产教融合新模式的创新。共享私厨烹饪人才培养模式为学生提供了必要的实践条件和难得的锻炼机会，使课堂教学能够有机会运用到实践当中，有效推进"工学一体"。

一、构建中职烹饪专业共享私厨人才培养模式的必要性

首先，学校开展烹饪专业技能教学，因受原材料以及课程时长限制，使学生在进行专业技能学习后动手实践的机会并不多，很大程度上限制了学

生进一步巩固烹饪技能的机会。这时，共享私厨平台就能够在课余时间给予学生更多与餐饮市场接触的机会，不断地巩固及更新烹饪专业技能，不但提高了教学质量，也为将来学生就业做了铺垫。

其次，作为实践性和技能性突出的中职烹饪专业，必须具备优秀、创新的培养模式。目前国家重视职业教育，校企合作、职业学校兴办专业产业并与教学相结合，均有助于学生在老师的带领、指导下，把学到的书本知识运用到实践之中，从而增强应用和解决实际问题的能力。因此，结合中职烹饪专业人才培养模式，搭建共享私厨平台有较大的学术意义和现实意义。

最后，产教融合是发展现代职业教育的主要途径之一，产教融合把产业与教学密切结合，相互支持，相互促进，为社会培养高素质技能人才，把学校办成集人才培养、科学研究、科技服务为一体的产业性经营实体，形成学校与企业浑然一体的办学模式，这为学生提供了必要的实习条件和难得的锻炼机会。

二、中职烹饪专业共享私厨人才培养模式的优势

（一）符合以学生发展为本的理念

让学生在学校能把书本知识运用到实践中去。以学生发展为本的理念要求，以应用型中高级技能专门人才培养为目标定位，积极推进中职学生创新创业能力，顺应时代潮流，符合国家战略。

（二）有助于推进学校与企业的深度合作

以市场需求为导向，将学校专业技术教育与项目发展紧密结合，双方遵循"人才共育、过程共管、成果共享、私人订制"的要求进行项目合作。加强了学生的专业素质创新培养和从业技能的训练，增强了校企深度合作，有利于学校和企业的双赢。

（三）有助于推动毕业生就业

面对当前就业学生人数较多，社会竞争激烈，培养中职学生的创新创业能力是缓解毕业生就业压力的良好途径，对于解决中职学生的就业问题具有重要的现实意义。学生可通过该平台的搭建提前接触社会，了解社会餐饮需

求，以便更好地进行职业生涯规划，促进自身专业成长，从而促进学校专业建设与学科体系建设，更加符合企业、社会需求。同时注重将创业意识、创业能力融入教学过程中，推动学生就业。

（四）有利于创造更多的实践机会，提升专业技能

利用移动互联网平台为烹饪专业的学生创设更多的实践机会，打造产教融合新模式，帮助学生提升专业水平，使学校教育更贴切行业需求。同时也可以为学生提供实践、就业机会。

三、中职烹饪专业人才共享私厨培养模式的构建

（一）深入市场调研，明确专业定位

为使"共享私厨——打造烹饪专业人才培养新模式"计划更加符合市场需求与学生发展需要，经过深入市场调研，分别进行了中职烹饪专业学生从事私厨实践意向调研与桂林地区私厨上门服务市场调研。调研结束后，从参与调研的人员构成、调研区域以及职业教育发展趋势等角度认真分析结果，根据调研结果明确专业定位，制定了"共享私厨——打造烹饪专业人才培养新模式"计划，打造了理实一体化、线上运营联系线下实践、实践能力与创业能力并重的人才培养模式，利用学生课余时间，随时随地可为学生提供实践机会。

（二）明确教学目标，修订教学方案

中职烹饪专业要适应时代需求，推行共享私厨的人才培养模式，首先要有明确的教学目标。如果没有明确的教学目标，中职烹饪专业的教育就无法提高教学质量，教师就无法合理开展教学工作，不利于学生的专业学习成长和发展。因此，对于中职烹饪专业的教学目的，学校和教师要明确教学目标，才能在实际的教学活动中，选择合理的教学内容，制定合适的教学方法，从而促进学生的学习进步。

其次，在开展教学工作时，学校和教师要展开市场调研，了解当前餐饮行业对于烹饪人才的需求，根据需求，制定符合时代发展的教育模式。同时，学校可以加强与餐饮企业的合作，一方面，可以收集餐饮企业对于烹饪人才

的具体能力要求，帮助教师制定教学目标，让教学的工作更符合社会的需求。另一方面，可以与企业合作开展共享私厨的教学活动，让学生拥有更多的实践机会，帮助学生提高专业的技能，这样才能做到学以致用，落到实处。

（三）根据市场需求，制定共享私厨商业计划书

教师团队通过微信公众号搭建了共享私厨网络平台，并通过动员全校师生及家长转发朋友圈等途径宣传本项目活动，为扩大具有上门烹饪服务需求的人群打下坚实的基础。再根据桂林当地的人均收入水平制定私厨服务收费标准、私厨等级高低以及距离远近有所差别。

其次是平台签约的私厨选择。要求年满16周岁、办理健康证、购买意外险并考取专业技能等级证或通过平台内部技能考核合格的在校烹饪专业学生或毕业生，为保证优质的服务质量，定期对私厨开展烹饪原料初加工、食品卫生安全、烹饪器具的使用维护、流行菜品烹制以及烹饪基础技能强化等业务培训。平台前期采取一定的折扣优惠鼓励顾客下单，并对私厨所烹制菜品进行72小时的留样，确保用户的食品安全。平台通过抽取百分之十的佣金以及其他附带农产品代销作为维持私厨平台正常运营的资金来源。

（四）合理制定教学课程，建立评价机制

在中职烹饪专业的课程学习中，需要学习很多的理论和基础内容，所以在制定教学课程时，要秉承可持续发展的教学理念，让学生在学习的过程中，可以有效掌握和学习相关的理论知识。加强学生职业道德素养、待人接物文明礼仪方面的教育。在进行共享私厨教学实践时，要求学生要重视在活动中的学习机会，通过共享私厨平台搭建，不仅可以让学生获得实际的学习内容，掌握真正的专业技能，还能加深对专业知识的理解，提高技能的实用性。同时，在开展共享私厨育人模式的教学时，教师可以建立教学评价机制，以客户的评价作为考核依据，帮助学生更好地完成课程任务。

（五）充分利用校内资源，提升学生创业能力

教师团队充分利用校内资源，在校内随机选取烹饪专业的班级进行人才培养创新模式——共享私厨的教学实践，研究改革现有人才培养方法和手段的可行性及具体措施，并就实践过程中出现的新情况及时分析和研讨。

在试点开展该模式教学的实践中，参与试点教学实践的班级，在考取中式面点师（中级）、西式面点师（中级）、中式烹调师（中级）、西式烹调师（中级）等相关职业资格证书时，实践考试+理论考试一次性通过率都在99%左右，相对于其他未参与试点教学实践的班级高出5%左右，并且在实践考试环节，实践分数都在80分以上。与此同时，参与试点教学实践的班级中，乐于参与各类烹饪比赛的学生较多，并且在南宁东盟美食节地方特色美食比赛、广西职业院校技能大赛中职组烹饪赛项、桂林市饭店业职业技能大赛等赛项中都取得了优异的成绩。

中职烹饪专业人才培养采用共享私厨模式可以给学生创造提前接触社会的机会，了解社会餐饮需求，以便更好地进行职业生涯规划，促进自身专业成长，从而使学校专业建设与学科体系建设更加符合企业、社会需求。同时注重将创业意识、创业能力融入教学过程中，推动学生自主创业及就业。因此，在开展共享私厨人才培养创新模式中，教师团队要积极思考学校专业建设与学科体系建设的相关问题，让学生在掌握专业知识与专业实践能力的基础上，逐步提升创业能力，树立正确的就业观念。

四、中职烹饪专业人才共享私厨培养模式的问题与对策

（一）学生素养低，需加强职业道德培养

中职学生的职业礼仪及职业素养整体偏低，在共享私厨社会实践活动中与顾客的沟通交流时缺乏礼貌用语，个别出现食品加工过程中浪费烹饪食材的现象。可加强学生的职业道德素养，将德育融入烹饪专业课程中。

（二）容易引起安全问题，需提升安全意识

学生对用户地址不熟悉，往返途中的安全问题，以及对顾客家中不同型号的烹饪器具的使用比较生疏，容易引发人身安全问题。除了要求私厨购买意外保险，还需要在岗前培训中进一步加强交通安全以及烹调用具操作安全意识。同时，学生应严格遵循食品卫生安全操作规范，做好菜品留样，保证所烹制菜肴的食品安全。

（三）上课时间与接单冲突，需放在假期实践

共享私厨的接单时间与学生上课时间的协调尚需进一步完善。后续该平

台除了对在校生以及毕业生开放，还可面向社会扩大私厨群体，社会人员只要拥有相关上岗证件并通过平台内部的培训考核，也可以通过该平台接单服务。学生群体主要利用假期时间在共享私厨平台上接单，不影响学校的日常教学活动。

（四）人才跟不上市场需求，需加强与社会对接

市场变化日新月异，中职烹饪人才跟不上市场需求。应加大中职烹饪专业人才模式的创新与实践，给予学生更多前往企业深造学习的机会，促进学校烹饪专业建设与学科体系建设，更加符合企业和社会需求。

共享私厨是一项指导中职烹饪专业的高级工班、中级工班在读学生及毕业生为有需求的人群提供上门烹制美食服务的项目，同时也是中职烹饪专业学生提高自身专业技能的重要手段。做好共享私厨人才培养模式不但要提高教学策略，明确教学的目标，制定切实可行的专业人才培养方案，制定合理的教学课程，更要建立合理的评价机制，加强与餐饮企业的对接，帮助学生提高自身的烹饪技能，促进学生更好适应社会，适应将来的就业环境。总之，中职烹饪专业共享私厨人才培养模式，让学生学以致用，有助于推动本专业职业教育的发展。

第二节　中职院校烹饪专业学生综合职业能力培养探究
——以龙岩技师学院烹饪专业为例

作为国家"十四五"规划的开局之年，2021 年是我国全面进行社会主义现代化建设，向第二个百年计划迈进的重要转折点，也是职业教育改革发展开启新征程、谱写新篇章的关键之年。回眸过去的几年，国家、政府和以习近平总书记为核心的党中央领导，均对现代职业教育做出了新的部署、制定了新的发展规划。而各级别的职业院校也紧跟时代步伐。坚决贯彻党中央的政治思想引领，贯彻发展职业教育的指示，为国家、为社会培养新时代的职业技术人才。

通过对周边餐饮、酒店等企业的实地调研，我们不难发现，近些年许多企业均反映存在综合性技术人才紧缺、人才学历较低的问题。从企业的长远发展角度看，企业需要具备较高烹饪技术、能够胜任烹饪工作，同时又具备较

高职业素养能力的综合性人才。因此，中职院校的烹饪专业，培养既具备烹饪专业技能又具备较高职业素养能力的综合人才，对满足用人市场需求就极为重要。

一、龙岩市职业院校烹饪专业学生培养现状

随着社会经济发展，龙岩地区及周边厦门、漳州等地的餐饮、酒店行业蓬勃发展，对烹饪专业的人才需求也日益增长。根据统计，截止到2021年，龙岩市开办烹饪专业的学校有7所中职学校和2所技工院校，各校具有不同的教学目标和教学内容，近些年均为龙岩及周边地区培养了大量烹饪技术人才，但在人才培养中都或多或少存在以下几个问题。

（一）重理论，轻实践

餐饮、酒店等对口企业需要的烹饪专业人才，首先是要求具备一定的烹饪技术。但在职业院校烹饪专业的课程体系设计中，占极大比例的课程都是"营养卫生""原料知识"等基础理论课，技能实践课和操作性课程较少，导致学生无法将理论与实践相结合，烹饪理论知识有了，烹饪操作技术却不行，与市场需求脱节。此外，有的学校尽管安排了实践课程，却缺乏"双师型"教师，教师本身仅有理论知识，缺乏在酒店担任厨师的实际工作经验，使实践课程流于形式。

（二）重课堂，轻校企合作

校企合作是校方与企业联合育人的一种新模式，近些年在职业院校育人模式中广泛应用。对于烹饪专业这一类特别要求实际操作能力的专业，校企合作模式能充分利用学校和企业资源，为学生提供更多的实践机会，也为理论教师向双师型师资队伍转变提供条件。

（三）重专业，轻素养

烹饪专业的学生，日后主要在餐饮或酒店从事烹饪工作，作为厨师，往往需要面临成本控制、团队交流、满足客户新需求等问题，千头万绪下如何保持平稳的心态，且在餐饮环境瞬息万变的情况下，如何坚持学习、沉淀自己，做好烹饪菜肴，也是烹饪专业需要教给学生的，即让学生在掌握烹饪知

识和技能职业，还应了解一定的顾客心理学、管理学等知识，提高自身职业素养，做好自己的职业生涯规划。

二、市场对烹饪专业学生的综合职业能力要求

目前，餐饮和酒店行业对烹饪人才的职业能力要求主要包括两个方面：一方面，较好的烹饪知识和烹饪技能，包括刀工技术基本功、翻锅技能基本功、火候掌握基本功、挂糊挂浆等专业烹饪技术和实践能力；另一方面，烹饪工作相关的职业素养能力，包括团队协作能力、沟通表达能力、解决问题能力等。两者互为补充、缺一不可，是现代餐饮行业对烹饪人才综合职业能力的基本要求。

三、龙岩技师学院烹饪专业育人模式的构建

龙岩技师学院 1979 年建校，1981 年开办了烹饪专业，距今已有四十多年的办学经验。其作为全市唯一一所公办技工院校，为龙岩市及周边区域的餐饮酒店行业输送了大批的优秀烹饪人才，很多毕业生经过多年拼搏，已经在烹饪岗位做出了优异的成绩，部分毕业生已成为企业的中层和高层领导、龙岩技师学院烹饪专业为四年学制（2021 年 9 月将变更为五年学制专业），2020 年烹饪专业招收一年级学生有 270 人，目前在校生有 619 人，烹饪专业在职教师和企业换职教师约 18 名，拥有烹饪专业实训中心面积为 600 多平方米，校内实训室建有中餐烹调实训室、西餐实训室、凉菜加工实训室、冷拼雕刻实训室、刀工实训室、锅功实训室、中西面点及烘焙实训室等 8 间实训室，具有完备的教学与实训条件，能够较好地实现培育具有较高技能水平和综合职业素养的烹饪专业学生的育人目的。

（一）采用一体化教学模式，实现理论与实践相结合

自 2016 年开始，龙岩技师学院烹饪专业在通过市场调研后，经与行业企业专家、兄弟院校教师共同研讨，对烹饪专业的课程体系和教学模式进行了改革，具体包括通过开展专家论证会和一线厨师个人访谈的形式，确立了烹饪专业的典型工作任务；通过集合烹饪专业教师教学经验及相关烹饪课程内容，确定烹饪技术一体化教学工作步骤和工作内容；在烹饪教学过程中注意引入任务驱动、情境教学、案例分析等，丰富教学方法，引导学生将理论与

实践相结合，将理论应用于实践。

（二）采用工学交替教学模式，实现校企人才共育

龙岩技师学院烹饪专业目前学制为四年，从第三学年开始，要求学生参与每学期为期四周的实践课程，到当地企业如闽西宾馆、客家大院、荣誉国宴楼、华美达龙州酒店、万达嘉华酒店、中元酒店等校企合作实训基地上进行实习。学生在企业中身临其境地体验到真实的工作场景以及工作内容，在厨师的悉心指导下，完成后厨打荷、砧板切配、蒸笼上杂、冷菜烧腊等专业技能学习、企业文化精神和工学一体教学任务。此举在全省同类院校中名列前茅，近五年二、三年级的学生每年都有参加这一活动。通过工学交替，在真实的工作岗位上独立进行实地训练，学生理论联系实际，夯实了所学的烹饪基础知识，也在烹饪实践中，熟悉了工作流程，提高了烹饪后厨工作所需的沟通能力、协作能力等一系列职业素质和能力。

（三）开展"企业师傅进课堂"活动，构建"双师型"师资队伍

龙岩技师学院烹饪专业为了提高学生学习兴趣，加强学生在校期间对烹饪行业的了解，加强学生烹饪专业技能，每年都会定期开展"企业师傅进课堂"活动。先后邀请闽西宾馆孔祥伟、福建烹饪协会杨连瑞、中国烹饪名师黄三明、纯萃餐饮总厨廖卫明、雍庆堂餐饮有限公司董事长束永东、福建省鑫程食品有限公司董事长饶鑫程、福建省龙岩市烹饪协会邱道良等企业名师和名厨，分别向学生教授了中西饮食文化、面点制作技术基础、原料加工技术、烹调技术基本功、雕刻基础、烹饪工艺美术等。课程以教授学生专业基础知识为主，结合企业师傅丰富的实践操作经验，生动活泼，极大地提高了学生的学习兴趣，使学生建立起烹饪专业的职业认同感。此外，学校也安排教师定期进入企业参与实践，构建既有理论知识又有实践能力的"双师型"教师队伍，学院烹饪专业教师于2018年、2020年参加技工院校教师职业能力大赛分别荣获国赛二等奖、省赛三等奖的好成绩。

（四）联合当地产业行业协会，实现学校与社会的内外联动

在烹饪行业中，无论哪一家餐饮或酒店，都无法短期内容纳多名烹饪专

业的学生在厨房进行实习，要想找到能集中接纳大批烹饪专业学生的实训基地也极为困难。因此，为了保障同一期学生能保质保量地完成实训或实习任务，就需要学校与当地烹饪协会进行合作。例如，龙岩市烹饪行业协会就能有效地帮学校解决这一问题，可以了解到多家酒店的用人需求，汇总后给到学校，学校就能高效地将学生分配到不同的餐饮和酒店企业，安排学生跟岗实习。

（五）推行跟岗和顶岗实习相结合的教学模式，提高职业能力

顶岗实习指的是学生完全履行实习岗位的所有职责，完全参与烹饪工作，对技师学院烹饪专业的学生是极大的挑战和锻炼。根据《国务院关于大力发展职业教育的决定》，学院采取最后一年半年跟岗、半年顶岗实习的教学模式，也就是第四年在前半年跟岗实习的基础上，后半年到龙岩当地或周边餐饮、酒店企业带薪实习半年的时间。一般采取学生自主选择、学校按需推荐的方式，为学生甄选合适的企业和顶岗实习期间的专职指导教师，以在为期一年的跟岗和顶岗实习中，为学生产生的各类工作、生活、人际交往中遇到的问题提供帮助。在实习期间，学生则需要定期向指导教师提交工作总结和月度汇报，以利于完成顶岗实习的绩效考核，汇总到学生的最终毕业成绩中，用于在未来择业就业中，为用人单位和学生的双向选择提供决策依据。

总之，校企合作、工学交替的多元化育人模式对中等职业院校提高专业课堂质量和实践教学效果，对提高学生学习兴趣、拓宽学生视野，以及提高学生综合职业能力和职业素养等方面具有非常重要的作用。当然，校企共建、人才共育的体系改革和发展是一个长期、巨大和艰难的实践工程，还需要各校师生共同研究，在参与实践中不断探索加以完善，为培育更多的综合职业能力高的技术人才而努力。

参考文献

［1］蒋田儒．大思政视域下高校发展资助育人型理念创新以及体系建立分析［J］．才智，2023（19）：89-92.

［2］苏红英．数字化图书馆阅读服务育人理念的践行——评《图书馆管理策略与阅读服务创新研究》［J］．中国教育学刊，2023（7）：152.

［3］刘廷华．"三全育人"理念下高校教师参与创新教育的实现路径探析［J］．高教论坛，2023（7）：111-116.

［4］张慧敏．资助育人理念下高校摄影专业培养模式的转变与创新［J］．太原城市职业技术学院学报，2023（3）：87-89.

［5］叶程．基于"三全育人"理念的高校创新创业教育机制建设研究［J］．湖北开放职业学院学报，2023，36（5）：17-18，21.

［6］刘丹．新文科背景与思政育人理念下的英国文学史及选读教学改革创新研究［J］．海外英语，2023（5）：101-103.

［7］胡凯杰．职业院校烹饪专业技能型人才培养模式的实践与创新［J］．中国食品工业，2023（1）：99-101，128.

［8］刘恩丽，王群，潘荣娜．"一带一路"背景下中餐烹饪职业教育国际化发展研究［J］．职业教育研究，2023（5）：20-33.

［9］田丽苗，李俊吉，苗娜妮，等．"三全育人"理念下大学生创新创业实践育人体系探索［J］．教育信息化论坛，2023（4）：93-95.

［10］何鹤立．"三全育人"理念下工科类高校创新型人才培养新探［J］．产业创新研究，2023（7）：196-198.

［11］顾志平．基于学科育人理念创新教学管理［J］．江苏教育，2023（19）：59-62.

［12］何德平．"协同育人"理念助力班会活动创新［J］．中小学班主

任，2023（9）：50-51，69.

［13］赵弼皇. 双元育人理念下园林实用型人才培养路径创新研究——以园林计算机辅助设计课程为例［J］. 农业技术与装备，2023（5）：109-111.

［14］张特. 思政育人理念下全媒体新闻采访写作课程思政的创新路径研究［J］. 传播与版权，2023（11）：98-101.

［15］潘家芳. "三全育人"理念下地方高校图书馆"双创"服务创新［J］. 梧州学院学报，2022，32（6）：80-86.

［16］韩冰. 基于"三全育人"理念的高校管理育人模式探究［J］. 学园，2022，15（35）：1-3.

［17］曹可. "三全育人"理念引领下的高校思想政治教育模式创新研究［J］. 吉林教育，2022（35）：32-34.

［18］郭刚. 实践育人理念下高校学生管理工作创新探索——评《新时代大学生管理工作的探索与实践路径》［J］. 中国高校科技，2022（11）：101.

［19］谷保军. 贯彻"三全育人"理念的思政教育创新［J］. 中学政治教学参考，2022（40）：112.

［20］杨文杰. 协同育人理念下高校创新创业教育优化路径研究［J］. 辽宁省交通高等专科学校学报，2022，24（5）：56-59.

［21］孙华. 高校创新创业教育课程中加入思政育人理念的必要性与路径研究［J］. 文教资料，2022（18）：105-107.

［22］聂其元. 基于协同育人理念的高职班级管理创新研究——以思政课教师兼任班主任为例［J］. 江西电力职业技术学院学报，2022，35（9）：106-108.

［23］张虎，邢志坤，李玲. 三全育人理念下专业教育与思政融合的创新实践［J］. 湖北教育（政务宣传），2022（9）：23-24.

［24］方长发，谢利娟，刘学军，等. 高职院校园林类专业创新型技能人才分层培养模式的探索——以深圳职业技术学院为例［J］. 中国林业教育，2022，40（2）：47-52.

［25］田野. 区域产业转型升级下高职创新型高技能人才培养模式研究［J］. 机械职业教育，2022（5）：14-18.

［26］王东，张子桐，夏育成. 职业院校烹饪专业技能型人才培养的问题和对策［J］. 中国食品工业，2022（20）：122-124.

[27] 石煌. 脱贫攻坚背景下潮州菜烹饪技能培训专项效果研究 [D]. 汕头: 汕头大学, 2021.

[28] 鲍渭明. 以就业为导向的高职烹饪技能人才职业素养建设 [J]. 人才资源开发, 2021 (16): 71-72.

[29] 付旭敏. 粤菜工匠的素质结构及培养路径研究——以广州市华风技工学校为例 [D]. 长沙: 湖南农业大学, 2021.

[30] 周豫湘. 产教融合视域下湘菜餐饮人才培养的探索 [J]. 教育观察, 2021, 10 (38): 81-83.

[31] 吴红进. 现代学徒制下"工匠精神"与烹饪技能人才培养的模式探索 [J]. 现代职业教育, 2021 (39): 120-121.

[32] 侯远韶. 基于产教融合背景的创新型技术技能人才双线并行培养模式研究与实践 [J]. 科技资讯, 2021, 19 (24): 84-86.

[33] 朱永闯, 龚盛昭, 徐梦漪. "需求引领、元素聚焦、服务驱动"高职创新型技术技能人才培养模式实践探索 [J]. 高教学刊, 2021, 7 (14): 33-36.